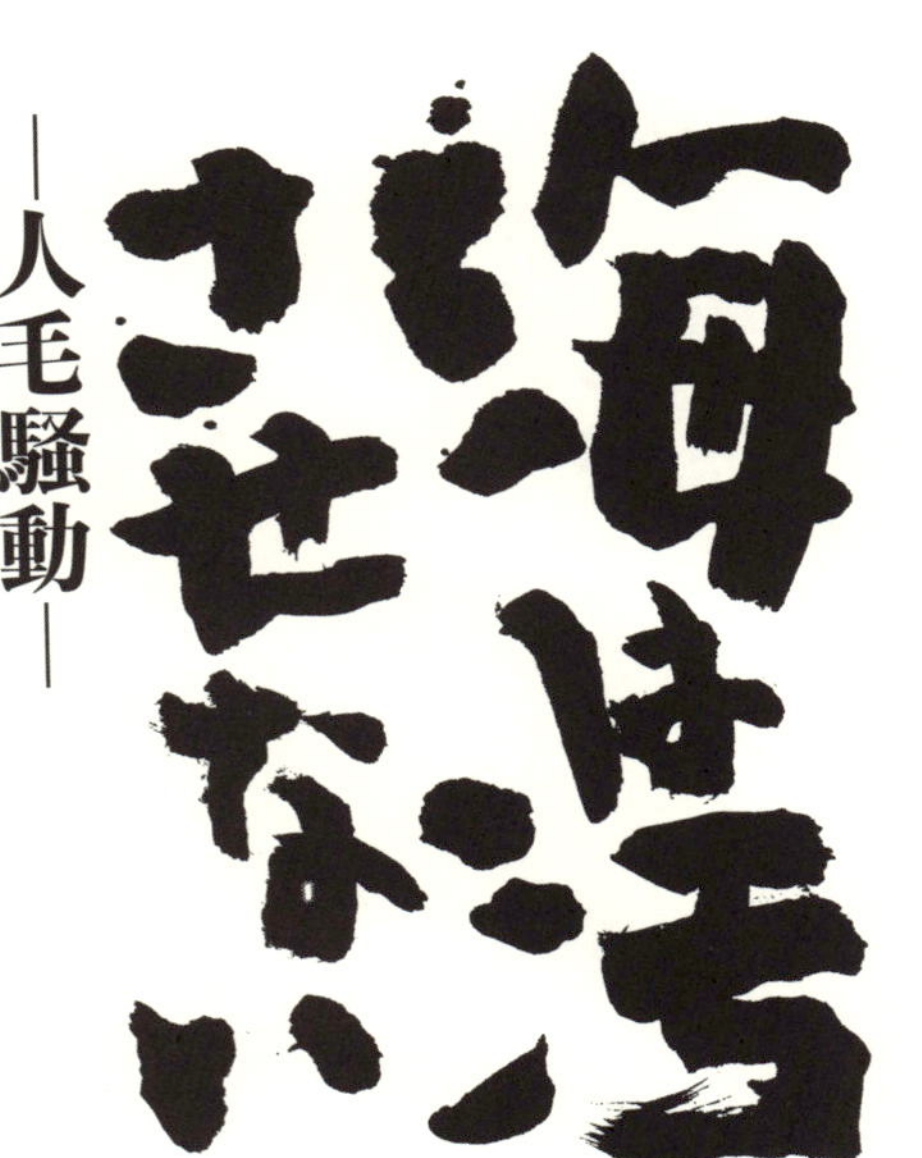

―人毛騒動―

昭和九年
六条潟漁民生活擁護闘争

牧平興治 編著

―はじめに―

牧平興治

一昨年、リウマチ性多発筋痛症という病を得、ステロイドなどの服用を余儀なくされ終活に入った。書籍も一部処分した。それらの書籍に挟まって『人毛騒動』*―小柳清*著―が出てきた。入手しながら全く読むこともなく、この本の存在すら忘れていた。『前芝村誌』に約四ページ、『六条潟と西浜の歴史』にも記載されていて、騒動があったことはわたしも知ってはいた。読んで驚いた。ゾワゾワと血が沸き立つ思いがした。

漁民たちの闘争への強固な意志と団結、そしてそのエネルギーはどこから出てきたのだろうか。

「六条潟漁民生活擁護闘争」がどのようなものであったかは本文に譲るが、なにせ昭和九年の出来事であり、九十歳以上の方が「そう言え
なことがあったなあ」程度である。

『人毛騒動』は昭和五十七年、豊橋市立前芝中学校へ

人毛騒動

『人毛騒動』は小柳清著と記されている。

しかし、大釋肇　の奥様から「主人が　と
お聞き
対

心とした生徒たちの歴史サークル活動から生まれた。しかし、中学校には保存されていないし校区市民館にもない。不思議なことだ。

牟呂地区の運動については『人毛騒動記』*が豊橋市中央図書館にあった。化学工場誘致賛成者に対し漁業権停止、そして除名。「市場(いちば)」地区では「村八分」まで行う激しい闘争だった。「そこまでやったのか」とわたしは唸(うな)った。

近代の漁民運動史において、化学工場誘致に対し、水質汚染を予測し阻止した事例があっただろうか。

公害史を調べてみた。煙害、水質汚濁などに対する闘争は害が出てからのものばかりで、戦前には「人毛騒動」のようなものは見当たらなかった。これは歴史に残すべきものだと確信した。

そこでなんとしても地域の方々には知ってもらいたいと思い、改編、追記し『海は汚させない』と改題して出版することにした。

小林利衛
塩野谷一郎
竹田杉次
横里重次

小柳 清

小柳　清
明治四十三年～平成七年(享年八十五)
昭和三十一年～五十九年　市議会議員
昭和五十年など二期　市議会議長

『人毛騒動』は、七十七頁の大半が前芝村を中心とした闘争記である。五月以降、舞台が牟呂に移ってからの記述は数ページで、村を二分した血みどろな闘いのようすはつかみきれない。それに対し、『人毛騒動記』は牟呂中心で、「村八分」の件や誘致賛成派に対する処罰については、漁業組合総会などの記録が実名であり、極めて具体的である。

そこでわたしは、本書の編集に当たり、前芝中学校の『人毛騒動』をほぼ全文採用し、牟呂の動きは『人毛騒動記』より抜粋し、できるだけ時系列的に挿入。文頭に(牟)をつけ、本文より文字を下げて、上にラインを引く形を取った。

なお、決議文は原文そのままとし、その他の文は一部わかりやすくした。また、推進派の見解の一例として、西進策(河合陸郎)氏により新朝報に掲載されたコラム『喫煙室』を、一部現代仮名遣いに直し脚注に引用。原文は一六八頁に載せた。

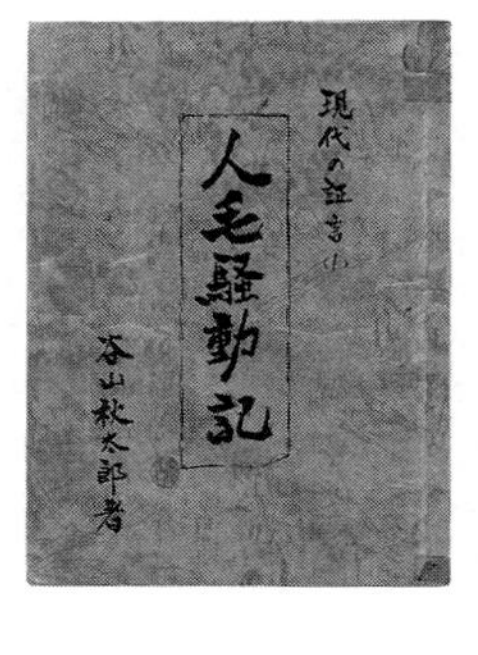

人毛騒動記

闘争の中心人物のひとり谷山秋太郎氏が、牟呂中学校から要請を受け、保存していた資料、メモをもとに心血を注いで証言執筆した。

横田恒夫氏(牟呂町坂津)は図書館へ根気よく通い、人毛関係の新聞記事すべてをコピー。

そして豊橋市立牟呂中学校金仙宗哲教諭がそれらをもとに編集、補説してガリ版印刷した。

昭和五十五年三月二十九日
出版

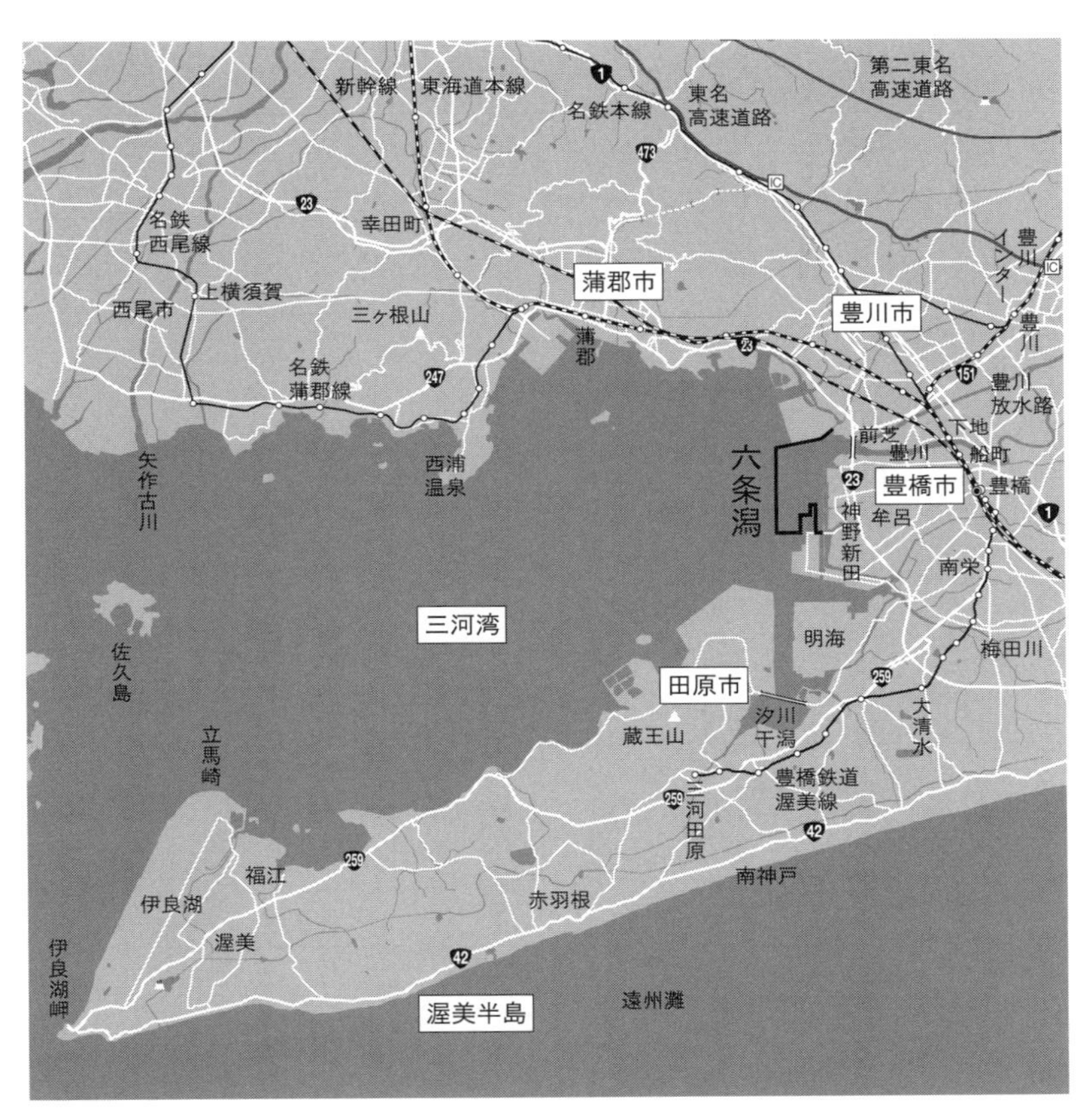

六条潟の位置

5　海は汚させない －人毛騒動－

六条潟

　豊川河口一帯の干潟として、「六条潟と西浜」「六条潟漁業図」などと使われている。しかし、地元の前芝や牟呂では、西浜・六条・三号と言っていた。六条潟の呼称は、吉田藩の家臣が名づけたという。吉田藩の領地のうち三河湾沿岸部は、南より梅田川・柳生川・豊川・江川・佐奈川・音羽川の大河川の流域に面する漁場であったことからと伝えられている。

目次

題字　味岡伸太郎
表紙写真　宮田明里

海は汚させない

―人毛騒動―

昭和九年　六条潟漁民生活擁護闘争

自序　昭和五十七年七月

豊橋市議会議員　小柳　清

今より約五十年前、豊橋市によって行われた日本人造羊毛株式会社の工場誘致計画に当たり、その工場排水によって豊川下流にある三河湾沿岸の漁場が大きな被害を受けるということで、工場の建設反対運動を約一ヶ年間やりました。今でいう公害闘争です。

一ヶ年間、三河湾沿岸漁民が一致団結し、生活擁護の旗印の下に、あらゆる苦難を乗り越えて戦った結果、人毛会社は豊橋の工場建設をやめて、会社の社長、金光庸夫氏の郷里九州大分市に進出を決定したのです。しかしながら、実際には人造羊毛製造には技術的な難点もあり、第二次世界大戦が終わる前に人毛会社は解散してしまいました。

今考えて見ると、こんな工場が豊橋に立地しなくてよかったと思われます。もし、仮に立地したとしたら、我々漁民がもっとも恐れていた、工場の排水による三河湾の汚染、その他の公害問題が生じて、豊橋はより重大な問題を抱える町となっていたでしょう。

戦後、東三河地方が太平洋岸ベルト地帯の中央部でいまだ開発の余地の

漁業補償調印式　昭和42年　『河合陸郎伝』より

ある処女地として残されていたのは、漁民たちの一年間にわたる激しい反対運動で人毛工場の進出を阻止したためであります。しかし、当時はそんな将来のことを考えず、ただ、漁民の生活権擁護の純心な反対運動の賜物だと思います。

また、ある反面から見れば豊橋市発展のもとである工業化、すなわち、工場誘致が漁民の反対で失敗したので、今後、豊橋に進出する工場はないだろうという見方もありました。漁民のいい分は、どんな工場も絶対反対というわけではないのです。漁場に被害のない工場なら喜んで賛成するといっていたのです。

事実、この反対運動から約三十年後、昭和三十八年から三十九年にかけて起こった、三河港建設に伴う漁業補償問題があります。県、あるいは市当局から、東三河発展のために三河港を建設するには、漁民の皆さんが行使している漁業権、すなわち漁場を明け渡してもらわなければならないと、再三再四たのまれたわけです。そこで、関係組合も最初は絶対反対でありましたが、時代の流れといいますか、経済変貌（へんぼう）です。当時は経済の高度成長時代に入りつつあったので、そうしたことを考えた結果、絶

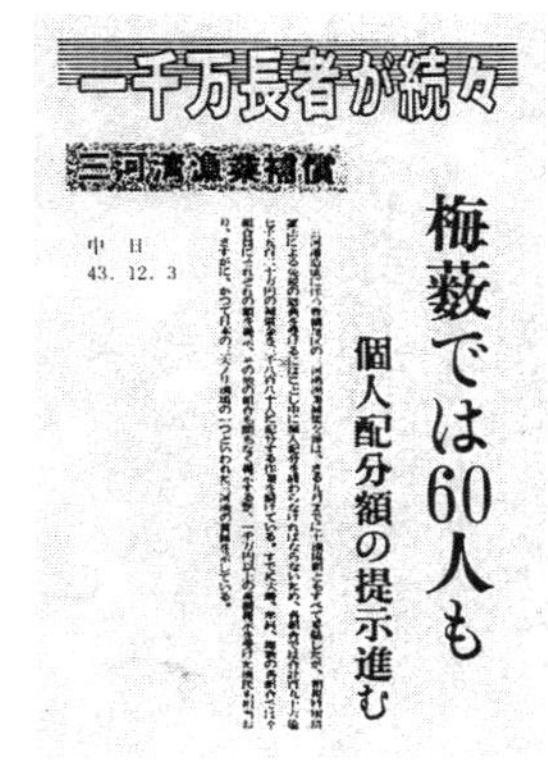
一千万長者が続々
三河湾漁業補償
梅藪では60人も
個人配分額の提示進む
中日
43. 12. 3

『六条潟と西浜の歴史』より

昔の前芝港　『六条潟と西浜の歴史』より

昔の牟呂港（市場）『六条潟と西浜の歴史』より

市場港

『六条潟と西浜の歴史』には牟呂港と記載されている。

　しかし、平成十年の牟呂地区航空写真には「市場港」とあり、牟呂の人たちは昔から「市場港」と呼んでいた。

人毛反対運動の指導者　加藤礼吉
当時34歳

加藤礼吉

明治三十四年～昭和六十一年
（享年八十一）
　加藤六蔵尚正の息子
　愛知県立農林学校（現・安城農林高等学校）を卒業して

対反対の旗印を下ろし、日本一の港ができるならばということで、昭和四十年四月頃までに関係組合が漁業権を放棄して漁業補償の交渉が妥結したのであります。

三十年前、生活権擁護で人毛工場を追っ払った漁民たちが、時代の流れをよく察知して、三河港開設の第一の基礎条件である、漁業権の放棄をしたことは、三河港建設史に特筆すべきであると思います。今日、三河港は国の重要港湾の指定を受けて、大工業港として着々整備されているところであります。

終わりに、私は本書を発刊するに当たり、特に感謝したい人があることを改めて申し上げます。それは、約一ヶ年近く人毛反対運動を指導して勝利に導いてくれた人です。すなわち、その人は東三水族擁護同盟会の会長加藤六蔵氏の実弟加藤礼吉氏*であります。闘争本部である前芝の蛤珠庵に出て、作戦計画を立ててくれました。そして、計画の実行は我々若手がやりました。ほんとうに加藤礼吉氏のお陰で勝ったのです。当時のことを追憶するとともに、改めて加藤礼吉氏に感謝申し上げる次第です。

上京。早稲田大学の「建設者同盟」に出入りし、マルキシズムの洗礼を受けた加藤礼吉は、豊橋に帰り日色野の山口安吉、名古屋市電の従業員であった向坂五郎らと「政治研究支部」を結成。支部は当面の目標を労働組合の結成に置き、機関紙「建設者」の配布や、労働者の中へ社会主義を広めようとした。

さらに、労働農民党豊橋支部を創立。支部長に加藤礼吉、常任委員に山口安吉と向坂五郎が就任した。東三河地方最初の左翼政党であった。しかし、昭和三年、労農党は解散を命ぜられ、翌年四月十六日、左翼運動家が検挙された。加藤、山口、向坂は身をひいた。結局豊橋の保守的

それからもう一つは、前芝中学校の生徒諸君が課外活動の一つとして、郷土の先輩が苦労して人毛反対運動と戦ったようすを調べ、その資料を収集して、立派な内容に整理してくれたこと、これまた、厚く感謝申し上げます。

発刊にあたって

昭和五十七年七月

豊橋市立前芝中学校長　竹田晋造

人毛事件は、昭和八年から九年のできごとで、その頃、私は津田小学校の三・四年生であったが、毎日毎日おとなたちが集まって何か相談したり何か行動したりしていることが、子ども心にもわかっていた。父親が時々家の仕事を休んで、どこかへ出かけて行ったことを記憶している。団体で一宮の砥鹿神社や石巻山の石巻神社へ参拝のためである。これは人

な土地柄から、広がりを見せることはなかった。

その後、加藤礼吉は読書三昧の日々であった。そんな折に「生活擁護闘争」が勃発（ぼっぱつ）。

参謀としてかつがれた礼吉は、新聞等から情報を把握分析し、それまでに培ったノウハウを存分に駆使して戦略を立て、政財界のトップたちをも翻弄したものと思われる。

毛工場反対運動のための集団行動であると理解していた。そして、数ヶ月後に前芝小学校校庭での勝利の記念行事として清水川（しみずがわ）一行の大相撲が催され、「人毛騒動」の幕がおろされたことが脳裡にやきついている。

当時、私の住む清須の部落は、夏季は米づくりと養蚕（春蚕・夏蚕・秋蚕）を行った。秋から冬をすぎ、春三月までは海苔漁業に専念して家計を維持していた農漁村であった。海苔は現金収入源として大切なものであった。*

夏の終わり頃、もや（樫（かし）の若枝）や竹笹（長さ五メートル位）を買い求め、日陰でもやの葉むしり作業が行われる光景が、家の近所で見られた。そのもやや竹笹を江川（えがわ）（今の豊川放水路）に浮かぶ和船に乗せ、櫓（ろ）でこいで漁場へ出かけた。また、順風帆を張って漁場へ急いだ。その頃は、内燃機関なるものはなく、すべて人力に依（よ）るしかなかった。豊川河口の漁場は、西浜・六条・三号といわれていた。引き潮にのって一、二時間かかって漁場に到着する。もやさしの時期は彼岸潮といって海苔の繁殖菌がもやや竹笹に附着するもっともよい水温になる時期とされていた。ほとんど、この彼岸潮の間に、海一面にもや、竹笹の林ができた。

清洲と漁業組合

当時、清須は津田清須漁業会であった。昭和二十三年、吉田方漁業会と合併して、渡津漁業組合として発足し、同二十四年「渡津漁業協同組合」に改称した。瓜郷と下五井は組合員ではなかった。

海苔漁業の収益

昭和十年の記録によると、米価の換算で十七俵余、現金収入のドル箱であった。昭和九、十年の米一俵の平均価格十二円十三銭。収入約二〇四円。昭和初期のサラリーマン平均年収約一、〇四五円、昭和六年の小学校教員の初任給五〇円。

海岸堤防より百間（百八十メートル）の地点から沖へ向け百間ごとに区切られ、三百間から四百間の沖まで漁場となった。もやや竹笹は波で抜けないように、沖に向け傾斜して振り杭という棒で穴をあけてさされた。この作業は実にきびしい仕事であった。体力のある若者でなければできないほど重労働であった。一日に百元（もと）さすのは至難であるといわれていた。

もやや竹笹は、冬の荒波に耐えて春までじっとその場に立っていた。海苔がもやや竹笹の小枝に着くのを漁民は待った。荒波にさらわれて漂流するもやや竹笹は数多くあった。

もやや竹笹を漁場にさせば必ず海苔が着く保証は全くなかった。その年の天候や場所によって海苔の水揚げは異なる。同じように労働しても、必ず海苔が取れるものではなかった。当たり年、当たり運ということを漁民は自覚していた。海苔は生きもので発育がよければ水揚げは多く、漁民は笑顔になる。その反対に発育がわるければ、「骨折り損のくたびれもうけ」になることを常に覚悟し、漁民の宿命としてよく耐え忍んでいた。

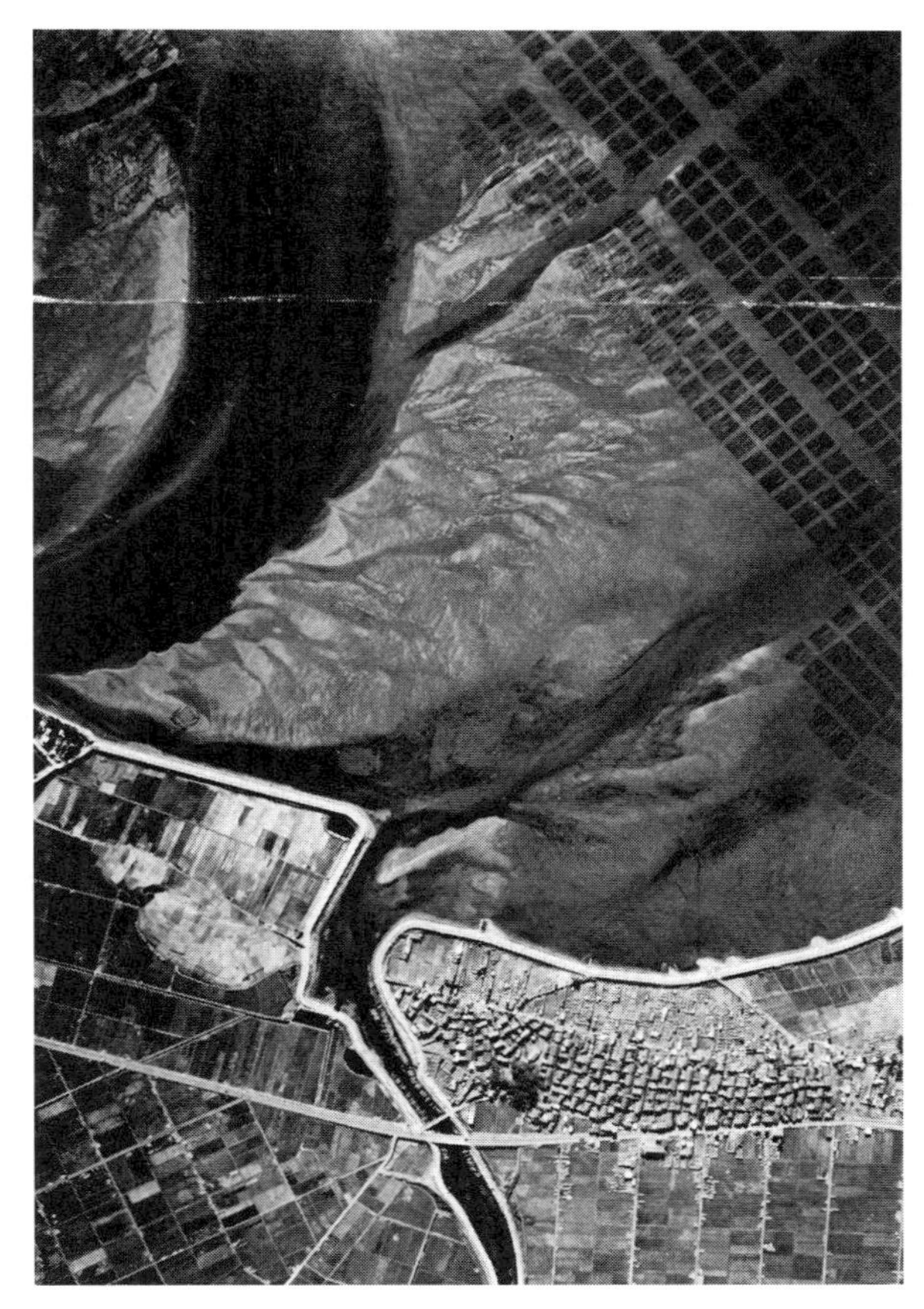

昭和 38 年撮影　西浜の航空写真
『六条潟と西浜の歴史』より
堤防から漁場まで約 1km の白砂が続き、ノリの養殖場が広がっていた
しかし白砂も養殖場も今はない

フリボウという鉄の棒で海の底にさす

↓

昭和初期の六条潟ノリ漁場のノリそだ
『六条潟と西浜の歴史』より

↓

干潮時のノリつみ取り

ノリのもやにするかしの木を
奥三河などから調達

↓

刺さるようにけずり、数本を束にする

↓

船に乗せて漁場へ

ノリ干し

汚れを落とすために洗い場で洗う

↓ ↓

ノリをすからはがす

ミキサーで細かく切る

↓ ↓

海苔集荷風景
『六条潟と西浜の歴史』より

ノリかけ

写真提供：「みなと塾」代表加藤正敏氏（前芝小学校資料より複写）　※特記を除く

よく成長した海苔は、大潮の干潮時に手袋をはめず素手で摘み採る。冬の海水は冷たく、寒風で手は真っ赤になった。当時、今のように海苔を摘む機械はなかった。

　家に戻り、晴天を利用して乾燥処理をする。この作業はまことに手間のかかる作業であった。一家そろっておとなも子どもも年寄りも、総力をあげて夜遅くまで乾海苔にする作業が続いた。そして商品にしたのである。決められた日に出荷場へ出し、商人の入札によって競売され、現金となり我が家に入ったのである。乾燥の過程での努力が不足すれば、品質が落ち収入に影響した。この時代の家族は総力とか協力ということを非常に重要視していた。人力の乏しいことは家の中の灯火が小さく貧弱に見えた。この海苔漁業により得る現金収入は、当時の漁民の命の綱であった。

　人毛騒動の背景にはこのような深刻な漁民の姿があったと思う。漁民の中にも人毛工場誘致に賛成・反対の両者がいたと推察する。しかし、大勢は反対せざるを得ない状況下にあったのであろう。先輩の方々の苦悩がうかがわれる。当時の日本経済の不景気が生んだ生活擁護事件と解されよう。

今回、郷土史の中からこの騒動に注目した生徒たちが自由研究としてとりくんだ。そしてグループをつくり、本校教諭大釋肇教務主任がいろいろと指導に当たった。たまたま小柳清氏の意向と合致してこのように発刊となった。

これは、当時この地域の漁民が生活擁護のため、深刻に受けとめ、如何に戦ったかを物語る郷土の歴史である。

幸いにも、この騒動の解明の鍵をにぎる当時反対運動に活躍された小柳清氏・小林利衛氏・加藤礼吉氏がご健在で、お話や貴重な資料の提供があったこと、その他の人々の証言のおかげで調査が進められたことについて、ここに深くお礼申し上げる。

小柳清・小林利衛・加藤礼吉・加藤精一の各氏に感謝するとともに、いつまでもご壮健にお暮らしくださるよう心からお祈りする。

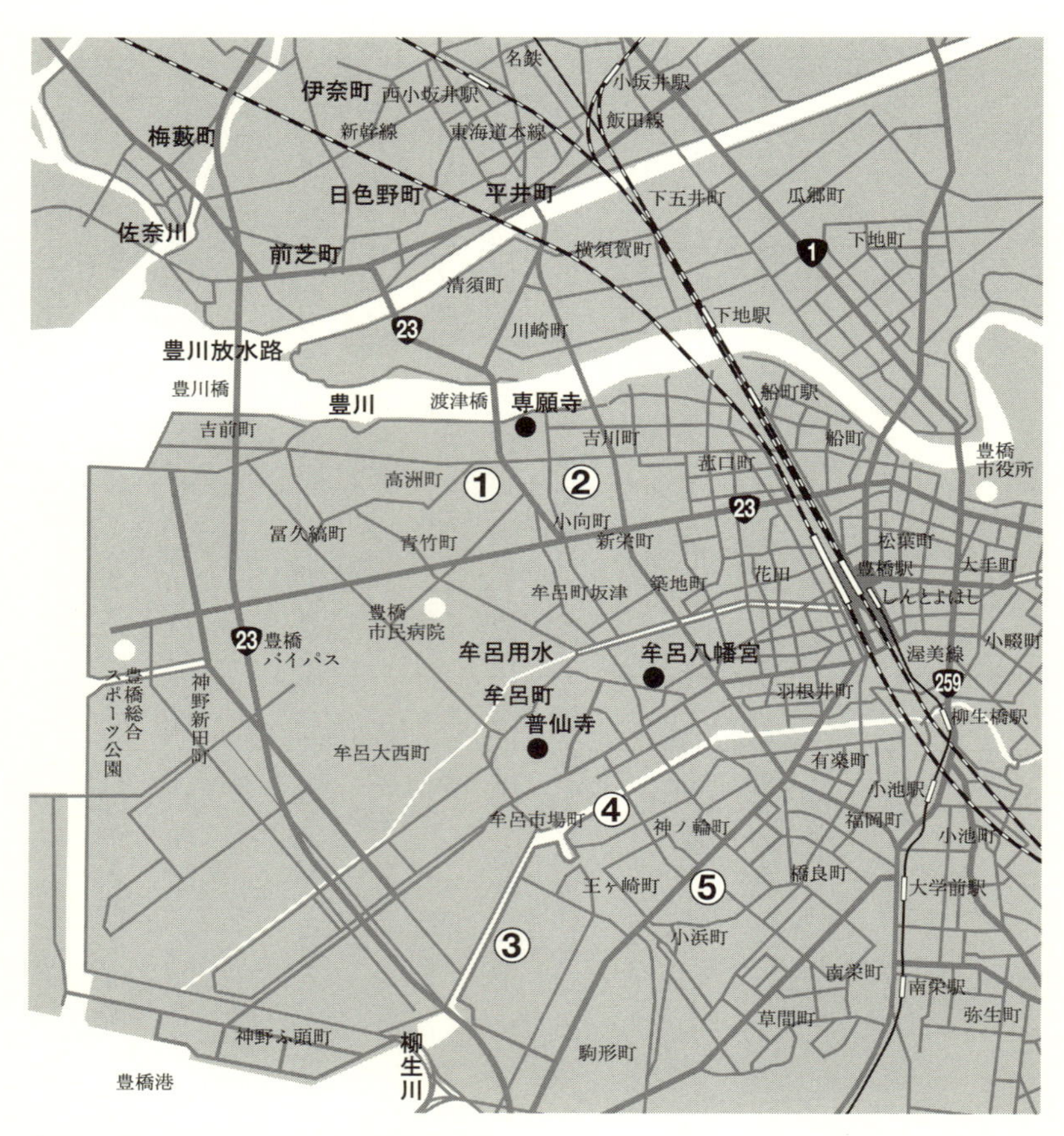

①第 1 候補地　　高須地区(高洲地区)
②第 2 候補地　　小向地区
③第 3 候補地 1　二回新田養魚池地区
④第 3 候補地 2　柳生川流域地区
⑤第 4 候補地　　小浜、橋良地区

人毛工場敷地候補地の移り変わり

地図は平成 29 年 9 月現在

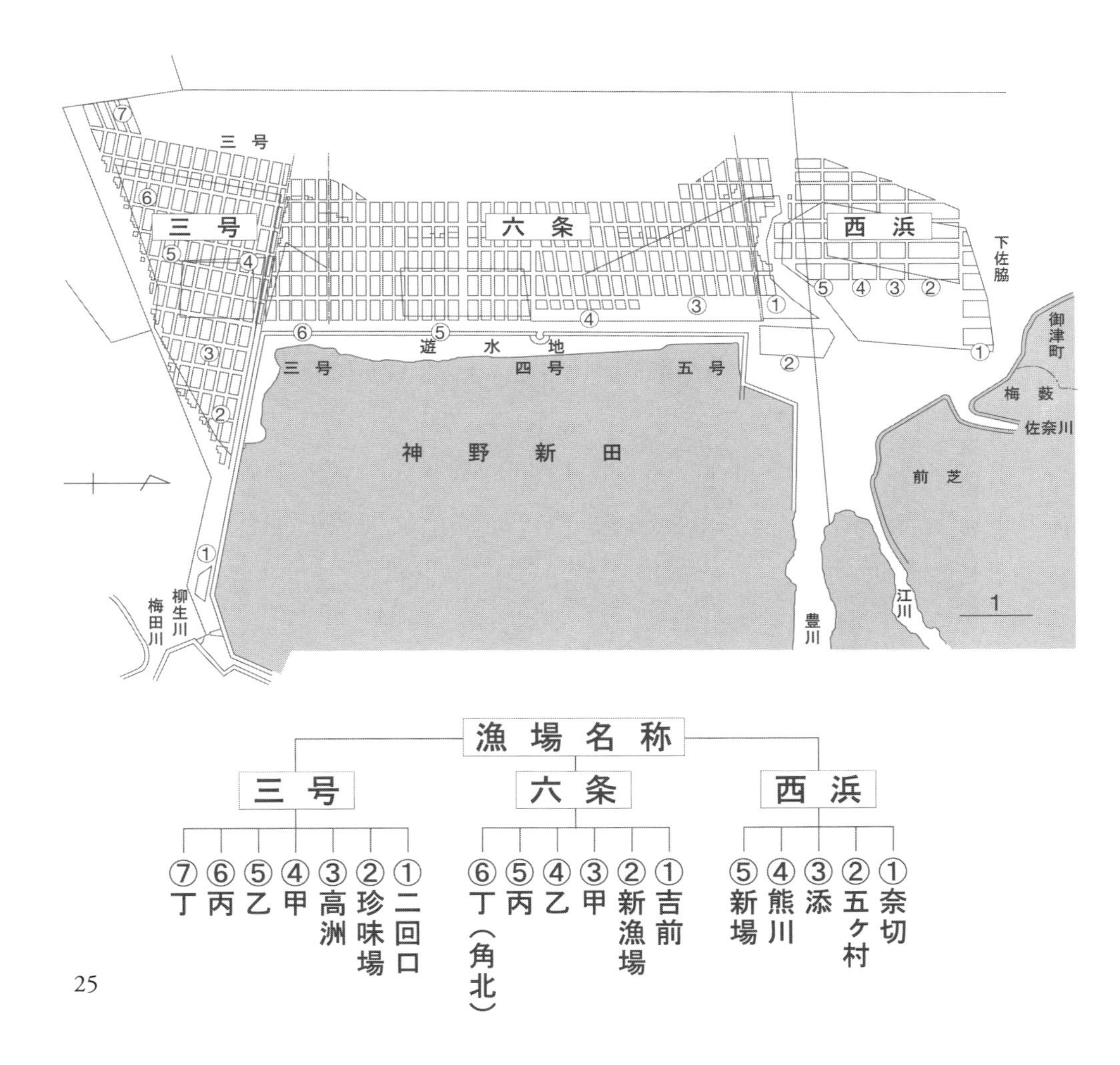

六条潟の海苔養殖漁場図

『六条潟と西浜の歴史』より

明治 39 年 5 月 19 日撮影　前芝湊 加藤六蔵家全景

加藤六蔵家

加藤清正の臣を祖とする。清正家断絶により豊川市牛久保に浪居、のちに前芝に移る。

農業を基盤として、廻船業で吉田藩お蔵米、木材などを江戸などに搬送。廻船業や醤油醸造業をもとに明治中期ごろまでに身代を築いた。吉田藩と田原藩の御用金調達商人であり士分に取り立てられ、一目置かれる存在であった。

江戸末期、田原藩四五〇〇両の借財のかたとして手にした渡辺崋山の「猛虎図」を百年間所有。

また、江戸末期の歌人でもある八代六蔵広正親子のもとには多くの著名な文人たちが立ち寄り、加藤家の別荘「観

前芝湊　加藤六蔵家全景の一部　年月日、作者不明　右頁の写真と同じ頃か

27　海は汚させない －人毛騒動－

魚楼」に逗留、香り高き作品を残した。前芝港は文化、学問の港でもあった。

編著者所蔵

日本一古い二宮金次郎像　前芝小学校　大正13年建立

十二代加藤六蔵正雄が大正十三年に金次郎像を寄贈したのは、隣村川崎町の渡辺平内治の影響も大きかった。東三河では当時、金次郎の農村自力更生運動、すなわち「報徳運動」が盛んであり、平内治は東三河の各地に報徳社を設立し教えを広めていた。

報徳精神に共鳴した六蔵は、前芝の子どもたちに「よく働き、よく学ぶ」子どもに成長してほしいと願い寄贈したと思われる。

前芝小学校の金次郎像は学校にある金次郎像としては日本最古で、よく見られる薪ではなく魚篭（びく）を背負っている。

人毛騒動

人毛騒動とは

昭和のはじめ、長い長い不況が続き、軍国主義化の波が押し寄せんとしている昭和八年頃、「糸の町豊橋」の製糸業は不況にあえぎ、人造絹糸（けんし）が発明されてから、その前途について不安がつきまとっていた。製糸業の不振により、これといった中心産業をもたない豊橋の政財界は、豊橋の発展を工業開発にかけ、工場誘致以外にないと考えるようになった。

市は豊橋商工会議所や財界人の協賛を得て、日本人造羊毛株式会社*（資本金一千万円、創立計画中）の誘致に努力し、工場候補地として高須町高須新田十万坪*をあげた。

この政財界の動きを知った三河湾の水産業者は、宝飯（ほい）郡前芝村（現前芝町）の加藤六蔵*を中心として日本人造羊毛株式会社の工場（人毛工場）誘致反対運動を起こした。人毛工場からの排水が豊川に放流され、六条と西浜を中心とするノリやアサリの漁獲に被害を与えると思われるからであった。昭和八年十二月八日、宝飯・豊橋・渥美（あつみ）の漁民の代表三十二名が豊川の妙厳寺（みょうごんじ）（豊川稲荷）に集まり、東三水族擁護同盟会を作り、加藤六

人造羊毛
ステープル・ファイバー（紡績用人造短繊維）、レーヨン、人造絹糸

十万坪
約三十三万平方メートル。東京ドーム八個分。

東三水族擁護同盟会 会長　加藤六蔵
当時43歳頃

加藤六蔵正雄
十二代加藤六蔵正雄は、明治二十四年誕生。父六蔵尚正

蔵を会長として人毛工場誘致反対運動を推進することにした。

（牟）宝飯五ケ村と牟呂の結びつき

昭和八年十月十三日、宝飯五ケ村の役員が大挙して牟呂漁業組合の組合長杉浦元氏宅に来訪。「…牟呂漁業組合も役員会を招集し、早く我々と同一行動を取ってほしい。一体となって工場ができないように反対運動に同調してほしい。」と要請があった。……さらに「市場（いちば）」選出の牟呂漁業組合理事、谷山鯉三郎理事宅に話に来た。この時同席した河根要三郎、岡田文一、豊田嘉市、三世藤左衛門と私、谷山秋太郎は谷山鯉三郎氏に、組合長杉浦元氏と相談して、役員区長会を開き宝飯の人たちと同様、人毛工場建設反対の決議をしてもらうよう頼んだ。…十月二十一日午後六時役員区長会が開かれ、牟呂漁業組合は人毛工場建設に反対することを全員一致で決定した。十一月五日、組合長は役員区長を召集して漁業に関係もある者で、役員を決定した。

（衆議院議員六期など）の死去により、明治四十二年十八歳で家督を継ぐ。

慶応義塾大学を卒業。若くして前芝村長、県会議員を勤め大正十三年三十四歳で衆議院議員当選、二期。

昭和九年「東三水族擁護同盟会」会長に推された。私利私欲のない清廉潔白な人物であった。

加藤六蔵家は「加藤の殿様」「加藤様」と呼ばれ、村民はじめ近隣からの信用厚く、何千人もの漁民を統率するリーダーにふさわしい家柄であった。戦後も前芝村村長などを務めた。

・常任委員*
河根要三郎・岡田文一・谷山秋太郎・豊田嘉市
・会計
牧野彦一（中村の理事）
・事務所
漁業組合のアサリ加工所（市場一四二番地）

（牟）昭和八年十一月二十五日には、宝飯五ケ組合の委員が二十名、牟呂は漁業組合役員、住吉木曽治・牧野彦一、常任委員、岡田文一・谷山秋太郎・河根要三郎の五名が岡山県倉敷工場と琵琶湖湖畔の石山町の東洋レーヨン等へ、二手に別れて視察に行った。

二日後には帰り、各町の役員を召集して、視察報告をした。漁場に対していかに被害が大きいかを報告したところ、質問が出たりして大きな効果があった。希望があれば毎夜でも各町へ行って報告し、反対運動は日増しに高まり組合員の

常任委員　毎日出勤し夜は二人ずつ交代で事務所につめていた。無報酬であった。

意気も盛り上がってきた。

私、谷山秋太郎は、毎日自転車で人毛反対本部事務所、加藤六蔵氏宅に行き、豊橋の情報と運動方針の打ち合わせをした。日暮れには牟呂の事務所へ帰って報告をし、明日の運動などについて協議する毎日だった。


同盟会は、工場排水が浅海漁業に被害を与える裏付けをとるため、滋賀・岡山・広島県の人毛工場と同種の工場の排水が漁業に与える影響を視察した。その結果、採算のとれない巨額の浄化施設を造らない限り、漁業への被害は防げないことを確認し報告したので、漁民の不安はつのり反対運動は激化していった。

漁民たちのたび重なる陳情に対し、市当局は、当時最新鋭の技術をもつとされた野田町の下水処理場で工場排水は浄化され、無害であるとして、漁民の反対を押し切っていく方針であった。

また、豊橋市総代会を主勢力とした人毛工場誘致運動は、昭和九年二月二十一日、大豊橋市建設期成同盟会を結成し東三水族擁護同盟会の

豊橋市役所　『豊橋名勝』より
写真提供:豊橋市美術博物館

反対運動と真っ向から対立し、人毛工場誘致問題は東三河全域をゆさぶる問題へ発展した。

反対運動は、前芝を中心とした宝飯十五、豊橋三、渥美四、南設一の二十三漁業組合に、三河乾海苔（ほしのり）同業組合*と工場候補地の小作農など東三河の農漁民をまきこむ大衆運動となった。たび重なる反対集会、石巻山、一宮の砥鹿（とが）神社、岩田の金比羅さんなどへの集団による反対祈願とデモ、市・県や誘致派の中心人物への陳情等が繰り返し行われ、ついには警官隊と衝突し、前芝村の小柳清をはじめ多くの検束（けんそく）者を出すまでに激化した。

この激しい漁民たちの反対運動は、工場候補地を高須（たかす）(現在は高洲)から小向（こむかい）、さらに柳生川（やぎゅうがわ）沿岸へと二転三転させた。そして昭和九年十二月八日、日本人造羊毛株式会社は豊橋市への工場建設をあきらめ、大分市へ建設することになり、約一年間にわたる人毛騒動は終わりを告げるのである。

三河乾海苔同業組合

明治四十三年、海苔の増産と製品向上を目的として結成。生産面は漁業組合が、販売面は商人が共に一体となって管理運営した。初代組合長加藤六蔵正雄。

昭和五年の状況

昭和五年は、名古屋、豊橋、岡崎、一宮の失業人口一二、一六七人で、愛知県の経済恐慌は深刻化していた。県の調べによると、農家の所得は前年の四〇～六五%であり、残飯は貧民にとって欠かせぬ糧であった。豊橋市の陸軍部隊の残飯の払い下げ状況は「特に夜の分は顔も定かに見分け難いのを幸い、一残飯店に二百名が列を成して押しかけ、む

人毛工場誘致派と反対派の主張

第一次世界大戦後の世界的な軍備縮小の風潮は、「軍都豊橋」にも波及し豊橋の第十五師団も大正十四年に廃止された。豊橋は軍隊の消費力に頼る商業都市・消費都市であった。それが第十五師団という大きな消費者を失うことは、地元の経済にとって大きなマイナスとなった。

そのうえ、昭和四年の世界恐慌は、「糸の町豊橋」の製糸業に大きな打撃を与えた。多くの製糸工場が休業または転業し、従業員は職を失った。

軍隊を失い、製糸業を恐慌によって破壊された豊橋の経済を立て直すためには、商業都市から工業都市へ転換させていかなければならないと考えられた。このような時、昭和五年に丸茂藤平市長*が着任した。

いわゆる輸入市長として中央官僚から担ぎ出された。そして新市長は豊橋の工業都市化は、港湾の開発と工場誘致の他はないと考えていた。

また工業都市化の前提として、周辺町村の合併も昭和七年九月一日に行われ、下地(しもじ)町・高師(たかし)村・下川(しもかわ)村・石巻(いしまき)村大字多米(ため)・牟呂(むろ)吉田(よしだ)村を合併した。そして、人口十四万、全国十八位、面積は全国五位の広大な農村

しろ凄惨(せいさん)の気をみなぎらせている。……なかには相当の服装をしている者が子どもを乳母車に乗せて通うなど、その現場は極度に貧窮した最下位生活者の縮図を広げ、残飯業者は時ならぬ好景気に恵まれている。……豊橋市街地にあらわれた疲弊困窮の姿は末世の感ようやく深き物がある。」(『名古屋新聞』昭和七年六月十八日)と報じられ世も末である状況であった。

牧平興治編著『十三歳のあなたへ―豊川海軍工廠の悲劇』年表より転載

丸茂藤平市長
明治十五年〜昭和三十一年
長野県諏訪郡玉川村(現在の茅野市)出身。内務省に

部をもつ都市となった。

ちょうどこの様な状況にあったところに、人毛工場誘致運動*が起こった。市も財界も豊橋の経済再建のために人毛工場誘致に努力を集中した。昭和八年十一月五日の「参陽新報」*は次のように報じている。

「……これが予期の如く豊橋市に設置されるとすれば、三河地方の最大の工場となり、かつこの人毛はおびただしいソーダを使用するのでソーダ工場なども豊橋市に設置されることになるべく、豊橋地方としては経済的に非常な期待が持たれるわけである。

…国県税に対する市税付加税の緩和程度で、敷地一〇万坪に対する借地料も、全然無償を要求せず、なお株式引き受けの義務も負う必要なく、条件としてはきわめて寛大なもので、この大工場を逃すようでは、豊橋の工場誘致政策は将来見込みはないものといわれている。」

また、丸茂藤平市長も人毛工場誘致について、次のような談話を発表して誘致の方針を示した。

「…当市でも誠意をもって(人毛工場誘致に)応外の援助を尽くす

入省後、鹿児島県事務官、鹿児島県・愛知県・京都府の警察部長、千葉県内務部長、内務省事務官などを歴任。岐阜市長、内務省復興局長、岩手県知事、台湾総督府交通局長を務め、昭和五年、豊橋市長に就任。隣接町村との合併、下水道整備、市立病院や常設消防組の設置などに尽力し、九年に辞任。翌年、関東州大連市長に就いた。
大豊橋建設期成同盟会会長
柳生川耕地整理組合連合会会長

豊橋市長　丸茂藤平

覚悟であります。たとえ三年間無税としたところで、設立しないものとすれば、永久に税は入らないのであるから、市でできるだけの誠意を示して誘致する考えであります。」

以上のような状況の中で、豊橋の政財界が一体となって人毛工場誘致を実現しようとしてきた。

一方、これに対し誘致反対派である漁民たちの最大の反対理由は、漁民の生活権が脅かされるということであった。人毛工場の排水が豊川に放流され、河口から三河湾の浅海漁業、特にノリ、アサリに被害を与え、それらの漁獲が減少し、漁民の生活が成りたたなくなるとして反対した。

人造羊毛の製造は、パルプ(植物の繊維をつぶし、こまかく溶かしたもの)を原料として苛性ソーダ・二硫化炭素・硫酸・塩酸・硫化ソーダ・漂白粉などの有害な劇薬を多量に使用して、ノリ、アサリ、魚類を死滅させるおそれがある。排水浄化設備を設置しても「営利観念上利益を無視した超経済的設備」でなければ、排水の完全な浄化は不可能である。このことは全国各地の人絹などの類似工場と水産業者の闘争の例をみても明らかであるとして、岡山県や琵琶湖の調査を報告している。

人毛工場誘致

製糸産業の苦境の中、三河製糸の重役内山栄次郎は、人毛工場設立の情報に接し、市会議長・神戸小三郎、市参事会員・大林和助とはかり、工場誘致に動き出した。

当時の豊橋の地方新聞

大正時代発刊
「新朝報」
「参陽新報」
「豊橋日日新聞」
昭和に入り発刊
「豊橋新報」
「東海旭新聞」
「あさひ新聞」
「豊橋大衆新聞」

新朝報

明治三十五年から昭和十三

市は人毛工場の排水を、全国でもまれに優秀とされる野田の市営下水処分場で浄化する責任を会社から引き受けることになっている。しかし、下水処分場の一日の処分能力は七万石にすぎないのに、人毛工場の排水は操業開始時は五万石、*やがて操業が軌道に乗れば三十万石の排水の予定になる。したがって、到底処理不能であることは明らかであり、市長の「水産業に被害があれば市で損害補償をする」という言葉は、その場の言いのがれでしかない。たとえ補償されるとしても、水産業は自然条件に左右され、凶作が工場排水によるものかどうか、損害補償額を確定することが困難である。したがって、毎年のように市と水産業者の間で裁判を繰り返し対立することになるのではと心配している。

市と会社との契約書第七条によると、市は普通料金一立方メートル七銭の水道料を、会社に対しては一立方メートル六厘一毛で供給することにしている。このことを知った製糸・玉糸(たまいと)業者・湯屋などは人毛工場なみに水道料を値下げせよとの運動を起こしており、一営利企業に対してこのような特典を与えることは、市民に不公平感を抱かせるとしている。

以上のようなことをふまえて、東三水族擁護同盟会は反対運動のビラ

年まで豊橋で発刊されていた日刊紙。大正十年より河合陸郎も記者として勤め、その後主筆、社長となった。陸郎は「西進策」のペンネームで、コラム欄「喫煙室」をほぼ一人で昭和十二年十一月三十一日まで書き続けた。それぞれのデータとしての記録でなく事件の感想、批判であった。

『西進策の足あと―ある地方記者の記録 上・中・下』太田幸治(三河世論新聞社)発行がある。

河合陸郎 昭和22年頃
『河合陸郎伝』より

で「豊川河口に人毛工場を建設することは、我々水産業者にとり死活問題であるばかりでなく、地方平和を破壊し、また市政将来のためにも憂慮すべき問題である」と主張している。

河合陸郎

明治三十五年～昭和五十一年（享年七十四）

大正十年　新朝報に入社

昭和十一年　豊橋市議会議員

昭和二十一年　愛知県議会議員

昭和三十五年　豊橋市長となり、三河港整備開港に傾注

昭和四十三年　五漁協同組、補償調印　三河港造成本格化

昭和四十七年　豊橋港開港

昭和五十年三月　市長退任

九月　豊橋名誉市民推挙

豊橋で起きた米騒動で逮捕された河合陸郎は、起訴をまぬがれ神戸にあるゴム会社に勤めていた。神戸在住の賀川豊彦の影響を受け、豊橋に帰ると大正十年、野口品二、福

人毛工場誘致の背景

十五師団＊の廃止

明治四十一年十月から、豊橋市の郊外高師村、特に福岡地内に第十五師団が設置されていた。

また、四十二年四月には騎兵第四旅団もおかれ、「軍都豊橋」と言われるに至った。それまで高師村、牟呂吉田村の農民が耕作していた田畑と森林は整地され、軍道が敷かれ、いくつもの兵舎が建てられた。高師村は数千名もの兵士で埋まる軍隊の町となっていった。そして「軍都豊橋」という名も定着しはじめたのである。しかし、第一次世界大戦後、世界に国際協調への動きが高まると、各国の軍備を縮小しようという動きが現れ、第十五師団は大正十四年に廃止された。まもなく、豊橋の経済界は第十五師団という最大の消費者を失って苦境にたつことになった。

沢卯助らとクロポト社（黒墓土社）という無政府主義（アナーキズム）の結社を作った。しかし、その様な無政府主義の思想の高まりも、大杉栄が関東大震災の後、虐殺されてしまってから急速にしぼんで、有名無実となった。

そのような時期があったにもかかわらず陸郎は、人毛賛成の立場をとり新聞記者西進策として健筆をふるっていた。

石

一石は一斗の十倍（米一俵は四斗）一八〇リットル。

第十五師団司令部　『軍都豊橋』より

田原街道を行進する騎兵隊（向坂嘉浩蔵）　『軍都豊橋』より

第十五師団

歩兵第六十連隊
騎兵第十九連隊
野砲兵第二十一連隊
輜重兵（しちょうへい）第十五大隊（前線に武器、食料など軍需品を補給する陸軍の部隊）
豊橋憲兵隊など

　一師団の兵員、平時一万二千名、戦時二万五千名といわれる。

　十五師団が廃止されると五千名近い兵隊が一斉にいなくなった。富本、小池周辺の商店は客が減り、特に軍隊専門のみやげ物屋、料理屋、旅館などは店をたたむところも少なくなかった。また、兵隊用の官宅や借家も貸す人がいなくなり、空き家になった。

　戦後軍隊が廃止されると、

製糸業の衰え

「参州豊橋のんほゝほい　参州豊橋は夜も日も伸びる　伸びるはずだよ糸の町」と唄われてきた豊橋。その「糸の町」の起源は明治十二年、二川の町で玉糸の製造を小渕志ちという女性がはじめて手がけてからであった。それが、そのうちだんだん広がっていき、明治三十七年には豊橋工業生産額の首位にのしあがった。そして明治・大正・昭和の三時代「糸の町」として発展してきた。*しかし、昭和四年、アメリカに起こった経済恐慌は、やがて日本にも波及した。その世界恐慌のため、アメリカへの生糸の輸出が減り、昭和五年には豊橋の製糸業に大きな打撃を与えた。そのうえ、化学繊維の出現による不安もあった。そのため、「糸の町」といわれた豊橋の製糸業はみる影もなくなった。大部分の工場が従業員への賃金や退職金も払えず休業するものが多かった。

とにかく当時の失業者はたいへん多かった。この世界恐慌は、豊橋の経済界が大きな購買力として頼っていた十五師団の廃止後、唯一の中心産業であった製糸業を破壊してしまった。豊橋の経済を立て直すには、豊橋

第十五師団司令部が、愛知大学本部になったのを始め、時習館高校、豊橋工業高校、南部中学校、福岡小学校、栄小学校、保健所など、多くが学校施設、官公庁として利用された。

豊橋の製糸

明治四十年、豊橋の製糸工場は大小二十八あったが、十数年後の大正十四年には三倍の八十四に増えた。それは豊橋が原料の繭の集散地として大変恵まれていたことによる。特に花田地区(花田・羽根井)は豊橋駅に近く、豊川や柳生川がすぐそばを通り、燃料の石炭を入手しやすいことが製糸業を発展させる大切な要素になっていた。昭

花田町の風景　『戦前の豊橋』より

和初期は更に盛んとなり、豊橋市内に百余りの工場があった。花田にはその約八〇％が集まっていた。

前芝の製糸業の状況

・山小　北河小三治　前芝
明治三十三年～昭和十二年
一二〇釜　一三五名
・山三　北河耕次郎　前芝
明治三十八年～昭和十八年
一七〇釜　一七〇名
・山内安太郎　日色野
明治三十五年～昭和二年
五〇釜　五六名
他に五社あった。しかし、いずれも大正末期までに廃業している。
　　〈わしくは『前芝村誌』

を商業都市から工業都市へ発展させなければならなかった。そのため、豊橋市は「市の工業化」に力を注ぐようになった。

豊橋の工業化

不況のまっただ中、昭和五年八月三十日、豊橋市の政財界の豊橋発展の期待を受けて、いわゆる輸入市長として、官僚から丸茂藤平が市長として着任した。

豊橋市の発展をはかるためには、大工場を建設し、港を大きく開くことであると考えられていた。豊橋を工業化する前提条件として、昭和七年九月一日に町村合併もし、人口十四万の都市になった。工業化のためには、近代的な大工場を建設することが必要であった。とはいっても豊橋には、中小工場ばかりでまならず、まず大工場の外部からの誘致に頼らなければならなかった。

豊橋市当局と豊橋商工会議所は、誘致すべき大工場を捜し当てることに躍起になっていた。市では、それまでに、東洋紡績・日本毛織・帝国人造毛織などの誘致をはかったが、地価の暴騰や工場側から出された条件が折り合わなかったため、次々と失敗していた。大工場を、この豊橋へ誘致することはなかなか難しかった。

日本人造羊毛会社の設立計画

豊橋市が大工場誘致に躍起となっている昭和七年十二月ごろ、第一次世界大戦からの成金時代*、急成長したあの神戸の鈴木商店*に関係した金光庸夫や金子直吉などが中心となって、日本人造羊毛株式会社(日本人毛会社)の設立が東京で計画された。この日本人毛会社は、資本金一千万円、工場敷地約十万坪、パルプを原料として苛性ソーダなど多量の化学薬品と水を使って羊毛に似た繊維を作るものである。第一期計画では日産五トン余の人毛を作る工場を建設し、しだいに拡張して日産二十余トン、従業員三千人の大工場とする計画であった。

この日本人毛会社創立委員の中に、蒲郡出身の杉浦文一、渥美出身の鈴木伊十がいたため、豊橋が工場候補地として注目されたようである。人毛工場の誘致を企(くわだ)てる都市は、豊橋の他に、愛知県内では西尾、刈谷などがあり他に広島、大分なども話にのぼっており、大工場の誘致に一生懸命であった。豊橋の政財界は、負けじと積極的にその誘致運動に乗り出した。

成金時代

日本は第一次世界大戦(大正三年~七年)の参戦国でありながら、戦場でなかったためアジアやアメリカなどへの日本商品の輸出が急増した。海運業、鉄鋼業など重化学工業が発達して空前の好景気で大金持ちが増えた。

鈴木商店

明治七年創業。三井・三菱などの四大財閥と並ぶ商社であった。しかし、金融恐慌で昭和二年倒産。

金子直吉は、鈴木商店の重役で「帝人」設立の中心的存在。現在、帝人、双日、神戸製鋼、日本製粉など鈴木商店に繋がる多くの会社がある。

人毛工場誘致運動

昭和八年十一月二日、日本人造羊毛株式会社設立発起人会が東京丸ノ内会館で開かれた。工場誘致に懸命の豊橋商工会議所は代表として塚本喜一・加藤発太郎を、市会は山本満平を東京に送り、この発起人会へ誘致を働きかけた。

さらに、商工会議所は十一月七日、議員協議会を開き、山本満平・内山栄太郎・加藤発太郎・塚本喜一らを中心に地元での株式引き受けの取りまとめを行った。株式の応募は十一月十六日には公募株式三万株のうち一万二千株となり、地元での割当額に達してしまう勢いであった。

一方、丸茂藤平市長も「……市でできるだけの誠意を示して誘致する考えであります」との談話を発表し、神戸小三郎市会議長も「……地理的に豊橋がまさっているので、どうしても今回は豊橋へ設置させる決心です」と述べている。

そして豊橋市会協議会は、十一月八日、日本人毛会社に対する市税付加税について協議し、「同社に対する市税付加税は法規により徴収するが、その税額は一定期間同社へ補助の名目で返すことを考えること」を申し合わせている。さらに、人毛工場誘致委員として、神戸小三郎・丸地幸之助・榊原瀬一・松尾幸次郎・大林和助・大塚貞次・近藤木平・原田仙二郎・内藤小一・大羽恒次郎・安田鯉三郎の十一名を決めて、本格的な誘致運動に乗り出した。

かくて、豊橋市当局・市会・商工会議所の豊橋政財界をあげて、人毛工場誘致の運動を展開することとなった。

このため、会社は設立発起人の一人で渥美出身の鈴木伊十を、十一月十七日豊橋に送り、工場候補地として次の三ヶ所を調査させた。豊川流域では牛川（うしかわ）町沖野と下流の牟呂町付近、柳生川流域の三ヶ所である。

そして、十二月十一日、会社は工場設置場所を、高須町の渡津橋下流の高須新田と決定し、十万坪を買収することにし、敷地買収交渉は本格化した。高須新田もこれに答え、耕地整理をして人毛工場敷地を決定するために耕地整理組合を作った。

高須町の人毛工場建設候補地の現在（現・高洲町、吉田方中学校あたり）

市と会社　契約書調印

十二月九日、豊橋市長丸茂藤平と日本人造羊毛会社創立委員長、金光庸夫との間に、人毛工場を建設するための契約が結ばれた。

契約書を見ると、市は会社にとって非常に有利な条件で契約をかわしている。それは次のような点である。

○ 工場用地十万坪、豊橋駅から高須町の工場までの鉄道敷設用地、貯水池用地一千坪を一坪一円で**昭和九年一月三十一日**までに会社に売却すること。一円以上の場合は超過額を市が負担する。

○ 工場用地を五尺盛土をし、それと同じ高さに鉄道用地も盛土する。

○ 豊川の舟の運行のため干潮時九尺の水深に浚渫（しゅんせつ）をする。

○ **三河湾沿岸の漁業組合に工場排水による損害補償を請求しないことを約束する証書を出させること。**（第五条*）

○ 上水道・下水道工事の費用はいっさい市が負担する。

○ 市の上水道一立方メートル六厘一毛で使用する。（普通料金七銭）

第五条　甲（豊橋市長丸茂藤平）ハ乙（日本人造羊毛株式会社創立委員長金光庸夫）カ将来乙ノ工場ヨリ豊川筋及二十間川ニ廃液並ニ排水ヲ放水スルコトヲ承諾シ万一豊橋市、前芝村、小坂井町、御津町ノ各漁業組合ニ於テ魚族並ニ海草類ニ及ホス損害ニ対シ苦情又ハ損害要補償等ノ請求ヲ為ササルコトヲ証スルタメニ一書ヲ乙ニ提出セシムル事ニ努力シ尚甲ハ乙ニ対シ事実上一切ノ責任ヲ負ヒ此処理ヲ為スト同時ニ何等ノ損害ヲ興ヘサルコトヲ約諾ス

市は約二ヶ月弱で土地を取得し、翌年一月三十一日までに会社に売却するという現在では考えられない契約をし

人毛會社對豐橋市の契約書（寫）

豐橋市長丸茂藤平（以下甲ト稱ス）ト日本人造羊毛株式會社創立委員長金光庸夫（以下乙ト稱ス）トハ豐橋市ニ於テ日本人造羊毛株式會社豐橋工場ヲ建設スルニ當リ契約ヲ爲スコト左ノ如シ

第一條　甲ハ乙カ建設スル豐橋工場ニ要スル敷地ヲ豐橋市内ニ於テ拾萬坪並ニ省線豐橋驛ヨリ工場地點迄ノ間ニ敷設スル引込線線用敷地及豐橋市牛川町字浪ノ上ニ於テ貯水池用敷地壹千坪ヲ壹坪金壹圓ヲ以テ其所有主ヨリ乙ニ賣却セシムル事ヲ約諾ス但シ賣却完了期限ハ昭和九年一月三十一日トス
萬一其所有主カ當該價格以上ヲ要求スル場合甲ハ其ノ超過額ヲ甲ニ於テ負擔スルモノトス

第二條　甲ハ第壹條ニ示セル工場用地拾萬坪ノ土地ヲ乙ノ爲ニ無償ニテ渡津橋ノ南端ヲ西ヘ距ル七拾五間ノ地點ニ於テ現在ノ土地上ニ五尺ノ水準土盛並ニ省線豐橋驛ヨリ乙ノ工場地點ニ連絡スル鐵道引込線用地ヲ工場地點ト同樣ノ高サニ築上スルコトヲ約諾ス

第三條　甲ハ前條ニ示セル工場ノ用地中貳萬坪及鐵道引込線用地ノ土盛ヲ昭和九年一月三十一日迄ニ完成ノ上乙ニ引渡シ尚殘餘ノ工場用地八萬坪ハ昭和九年二月ヨリ同年九月迄毎月壹萬坪宛土盛ヲ完成ノ上其都度乙ニ引渡シヲ了スルモノトス

第四條　甲ハ乙カ乙ノ工場ノ建設ニ要スル諸材料並ニ乙ノ工場落成後諸材料ノ運搬ニ必要ナル豐川筋舟運ヲ便ナラシムル爲ニ甲ノ所定計劃ニ據ル同河底ノ浚渫（干潮時ニ於テ水深九尺以上）ヲ昭和九年中ニ完成ニ努力スル事ヲ約諾ス

第五條　甲ハ乙カ將來乙ノ工場ヨリ豐川筋及二十間川ニ廢液並ニ排水ヲ放水スルコトヲ承諾シ萬一豐橋市、前芝村、小坂井町、御津町ノ各漁業組合ニ於テ魚族並ニ海草類ニ及ホス損害ニ對シ苦情又ハ損害要償等ノ請求ヲ爲ササルコトヲ證スルタメニ一書ヲ乙ニ提出セシムル事ニ努力シ尚甲ハ乙ニ對シ事實上一切ノ責任ヲ負ヒ此處理ヲ爲スト同時ニ何等ノ損害ヲ與ヘサルコトヲ約諾ス

第六條　甲ハ乙ノ工場ヨリ放水スル廢液並ニ排水ヲ豐橋市下水淨化製置所ニ放水スルコトヲ承諾シ之ニ要スル溝渠土管及ヒ其埋設工事ヲ乙ノ爲ニ無償ニテ施工ヲ爲スモノトス

第七條　甲ハ乙所用ノ用水ヲ左ノ方法ニ依リ乙ニ供給スルコトヲ約諾ス豐橋市ノ上水ヲ引水使用スル場合其使用量一日五萬石迄ヲ一立方メートル金六厘一毛ノ割合ヲ以テ乙ニ供給スルモノトシ其引水用工事一切ノ費用ハ甲ニ於テ負擔スルモノトス但量定ハ計量器ニ據ルモノトス

第八條　甲ハ乙カ現在豐橋市内ヲ貫流セル三村用水ヲ引用使用スル場合甲ハ同用水所有者タル三村用水水利組合ノ諒解ヲ得テ乙所用ノ水量ヲ乙ニ無償使用セシムルノ責任ヲ有スルモノトシ萬一同用水カ渇水ニ因リ水量ニ不足ヲ生シタル場合乙ハ善意ヲ以テ乙ノ鑿井地點ニ於テ當該組合ニ對シ同量ノ水ヲ供給スルモノトス
前記三村用水路ヨリ乙ノ工場ニ至ル用水路ハ甲ニ於テ無償施行スルモノトス

第九條　甲ハ乙カ乙ノ工場ニ於テ牟呂用水ヲ引用使用スル場合甲ハ其所有者タル牟呂用水水利組合ノ諒解ヲ得テ乙所用ノ水量ヲ乙ニ無償使用セシムルノ責任ヲ有スルモノトシ同用水ノ有機物其他ノ不淨物ヲ除去スル目的ヲ以テ同用水路旭町附近ヨリ乙ノ工場地點迄ノ鐵管及其埋設工事ヲ甲ニ於テ乙ノ爲メニ無償施工スル事ヲ約諾ス

第十條　甲ハ乙ノ工場ニ於テ豐川上流ヨリ河水ヲ引用使用スル場合其引用ニ必要ナル市道及都市計劃路線ヲ無償ヲ以テ用水管埋設ニ使用セシムルモノトス

第十一條　甲ハ乙ノ爲メ乙ノ正門ヨリ縣道ニ通スル五間巾道路ヲ無償敷設スルモノトス

第十二條　甲ハ乙ニ賦課スル市税ノ内不動産取得税附加税地租附加税及家屋税附加税ニ限リ昭和九年度ヨリ五ケ年間ハ之ヲ免除シ更ニ五ケ年度間ハ半減賦課スルコトヲ約諾ス

第十三條　本契約ハ乙ノ會社設立後ハ其會社代表者名義ニ變更スヘキモノナル事ヲ甲乙兩者ニ於テ承諾スルモノトス

本契約締結ノ證トシテ本證書貳通ヲ作製シ甲乙各壹通宛ヲ分有スルモノトス

昭和八年十二月九日

豐橋市長

日本人造羊毛株式會社

創立委員長

昭和八年十二月二十七日豐橋市會ノ決議セル人毛工場新設助成費豫算内容

歳出追加豫算

一金參拾參萬五千圓也　工場新設助成費

内　譯

一金拾七萬六千七拾七圓也　敷地構成費

一金八萬九千貳拾五圓也　道路用水路及引込線路盤修築費

一金參萬四千四百四拾四圓也　水道布設費

一金參萬壹千四百五拾四圓也　排水路築造費

一金四千圓也　雜費

歳入追加豫算

一金參拾參萬五千圓也　昭和二十一年度分迄ノ會社ノ市税豫納金

人毛会社対豊橋市の契約書(写)

○　工場と県道をつなぐ五間道路を無償で敷設する。
○　市税の一部を五年間免除、さらに五年間は半額にする。

などである。現在から考えると、随分と市民を侮った会社にとっては大変な好条件である。

た。当時は国家による「土地強制収用」ではなくても、そんなものだったのだろうか。

　また、市は漁民たちから「魚族、海藻類に被害が出ても苦情、損害補償などの請求はしない」との一札を取る義務を負っている。おそらく、特にその条項が漁民たちの反対闘争に火をつけたと思われる。

人毛工場反対運動の始まり

豊橋市当局が人毛工場誘致運動を始めると、すぐさま、東三河の漁民たちは人毛工場の誘致反対運動を始めた。

会長に前芝の加藤六蔵をすえ、副会長には牟呂の岡田文一がつき、五千人の漁民を傘下に絶対不敗の体制を固めた。戦闘運動の参加は、いついかなる時でも組合から伝達があればただちに参加することになっていた。もし、不参加でもすると漁場の割り当てがないかもしれないということであった。当時の我が国においては、「足尾銅山の鉱毒事件」か豊橋市の「人毛騒動」かということで二大社会問題として全国注目であった。

昭和五十六年東日新聞　小柳清『わたしの来た道』より

反対運動を起こした漁民たちは、人毛工場の排水が豊川に放流され、その河口にある日本三大ノリ漁場の*(東京湾・岡山播磨灘(はりまなだ))一つである三河湾に甚大な被害を与え、沿岸漁民の生活権を脅かすというのであった。

人造羊毛の原料は人造絹糸と同じように木材を溶解してパルプにし、その繊維を原料にセルロースを取り出し、再度それを溶解して短繊維(ス

三河湾のノリ

三河湾は、東京湾に次ぐ主要なノリ(三河ノリ)の産地として国内に知られていた。三河ノリの起源は、安政元年(一八五四)前芝村の杢野甚七の創業による。その後、三河湾全体に広がった。三河乾海苔同業組合においては、大正十三年から昭和十二年まで十五ヶ年、宮内省を通じて香り高い三河海苔を二帖(二百枚)を天皇陛下に献上した。

村の総戸数の八割がノリ養殖業に従事。昭和二十六年組合員数は約五百戸。

前芝三一一戸
梅藪一三八戸
日色野六三戸
前芝九七%
梅藪ほぼ一〇〇%

テーブル・ファイバー）とし、羊毛に似た繊維を作り、これを天然の羊毛と混紡して製品とするものである。

　そこで問題は、木材からパルプを取り、これを原料として短繊維にする際、硫酸、苛性ソーダ、二酸化炭素、漂白粉と多くの劇毒である化学薬品を使用する。そして、この薬品を洗浄するのに多くの水を使い、この汚水を豊川へ放流するため、ノリ漁業への被害が心配されるのは当然といえよう。

　反対運動を起こしたのは、前芝・梅藪（うめやぶ）・日色野（ひしきの）・伊奈（いな）・平井（ひらい）の宝飯五ケ組合で、同じ漁場である牟呂・渡津組合とも協力して反対運動を進めた。その頃のことを、伊奈の小林利衛は次のように語っている。

　人毛反対運動は、そもそも私ども宝飯五ケ組合が発端（ほったん）となりまして運動を起こしたのであります。各漁業組合の組合長と専務の十名が主体でした。反対運動の作戦を考えたのは、加藤六蔵さんの弟さんの加藤礼吉さんでした。礼吉さんの指導のもと、前芝の蛤珠庵（こうしゅうあん）や西福寺と場所をかえて、たびたび会合を開き作戦を練りました。

日色野八二%

その他

白魚漁・アサリ養殖・佃煮業

当時の水産業のようす

（昭和七年、牟呂吉田方村）

・魚類／クロダイ・ボラ・ウナギ等　価九、九二三円

・貝類／アサリ・ハマグリ等　価五四、八六二円

・藻類／フノリ・青ノリ等　価六一、五〇二円

・養殖／ウナギ・ボラ・アサリ等　価一九六、七二六円

・干しノリ／（食用）　価一一〇、二五〇円

豊橋市への反対陳情

昭和八年十一月十五日、三河湾でノリ養殖をしている漁民を代表して前芝の加藤六蔵と牟呂の岡田文一、他一名は、丸茂市長を尋ねて人毛工場誘致反対を申し入れた。

代表者三名は、

「人毛工場は化学工場の性質から排水を流して水産業に影響を与えることはないか。できれば他に適当な地を求めて、豊橋は考え直してもらいたい。」

と申し入れた。これを突っぱねるように丸茂市長は、

「進んだ技術処理をすれば、豊川へ放流しても絶対に被害はない」

と受け入れなかった。その態度に、温厚な加藤六蔵も顔を赤らめて席を立ち退場した。

漁民たちの反対にもかかわらず、市当局は一ヶ月後には工場敷地を決め、土地買収の仕事を進めるようになった。その一ヶ月の間、漁民の代表たちは、工場排水が水産業に被害を与えないかを、繰り返し繰り返し市

人毛反対運動本部のあった前芝の蛤珠庵（現在の蛤珠寺）

へ問いただした。そのたびに市長は、「無害である」と力説した。しかし、市の説明はなかなか一般漁民を納得させることができなかった。

丸茂市長のいう進んだ技術処理をする施設というのは、新しくできる野田の下水処分場*のことである。この処分場はイギリスの技術を取り入れた、シンプレックス式促進汚泥法を採用した当時としては最新技術を誇る我が国ではもっとも立派な処分場であった。

問題は処分場の処理能力であるが、日量最高一、二六〇トンである。この一、二六〇トンしか処理能力がないところへ、四、五〇〇トンの工場排水を流し込んで、はたして完全浄化ができるであろうか。市民の汚水を合わせると、日量六、三〇〇トン以上になり、絶対に完全浄化は不可能であり、このことが反対漁民たちの運動の焦点となった。

こうして反対運動は激しくなっていった。

当時の最新式技術を取り入れた野田の下水処理場

57　豊橋市への反対陳情

野田の下水処理場

昭和六年、建設計画が発表されると、汚水処理で豊川の水が汚されるという強い反対運動が地元から起こったが実らず、昭和八年工事着工となった。昭和十年七月に完成し、八月に運転を開始した。この処理場は東京、名古屋、京都に次ぐ全国四番目の本格的なものであった。

東三水族擁護同盟会の結成

昭和八年十二月八日、市長の説明に納得できない宝飯郡・豊橋市・渥美郡の漁民の代表三十二名が、豊川の妙厳寺(豊川稲荷)に集まって、東三水族擁護同盟会を結成した。前芝の加藤六蔵を会長とし、前芝の山内常吉(前芝・山内伸秩氏の祖父)、横里重次(横里満氏の父)、梅藪の春田春蔵(故春田清春氏の父)、日色野の塩野谷森勝(塩野谷文夫氏の祖父)、清水庄次郎(清水喜八氏の祖父)、伊奈の中西徳市、小林源恵、平井の竹尾重右衛門などの漁業組合の幹部を中心として、次のような決議を行った。

決議

今回日本人造羊毛株式会社工場豊川流域に設置されると仄聞す。*既往の実情に鑑み、之が排液は各種水族に及ぼす被害甚大なるものありと認む。依って右工場設置絶対反対の意思を表明し之が目的貫徹を期す。

人毛反対運動の中心、東三水族擁護同盟会の幹部ら

春田春蔵

横里重次

小林源恵

右　決議す。

昭和八年十二月八日

東三水族擁護同盟会

人毛工場の建設反対運動が本格的、組織的に始まったのである。

仄聞　ほのかに聞く、間接的にちょっと聞く。

塩野谷森勝

中西源次

竹尾重右衛門

人絹工場による被害調査

東三水族擁護同盟は、十二月十八日から二十二日まで、横里重次・山本初平・加藤六蔵・他二名を広島・岡山・滋賀県に派遣して、人毛工場とよく似た製造工程をしている人絹工場とその地域の水産業への影響を視察させ、人毛反対運動の裏付けとした。五名の代表は、「既設人絹工場廃液被害に関する調査」として視察の結果をまとめている。

それによると、帝国人絹株式会社広島工場(広島)・倉敷絹織(けんしょく)株式会社(倉敷)・東洋レーヨン株式会社(大津)・旭ベンベルグ絹糸株式会社(大津)の各工場を視察、排水の浄化設備やその経費、工場排水の海や魚介類におよぼす影響、会社と周辺の漁業組合との間に起こった争いの概況について調査している。そして、各工場の浄化設備で浄化された排水は科学的に実害がないまでになったといわれているが、なお浄化されない成分が排水に含まれていて、川や海に流れ出て、微粒体となって水底に沈殿(ちんでん)し、ガスを発生し、底土を腐食してしまう。そして、水底に住む貝類を死滅させ、海藻を枯れさせ、魚の産卵地やふ化場を根絶させてしまったと報告

薬品名	使用量	放出量
苛性ソーダ	1,216.0 貫	101.3 貫
硫酸ソーダ	2,029.6	202.2
硫化ソーダ	162.1	81.0
晒粉	162.1	81.0
塩酸	81.0	40.5

(注)パルプ100キログラムから7割5分の製品が出来ると算出したもの。

名古屋工業試験場 発表資料
『牟呂史』より

している。さらに、「この実害をなくするためには、超経済的な施設をなすにあらずば、その目的を達することはできない」と結論を下している。

61　人絹工場による被害調査

激しい反対行動

十二月二十六日、高須町専願寺に約千名を集めて人毛類似工場とその周辺地域の視察報告会が開かれた。集まった漁業者は、視察地の水産業の被害の大きさを知り、一層反対の気勢をあげた。

この頃になると、漁民だけでなく、高須町や牟呂町の農民たちも反対運動に参加するようになった。人毛工場が高須町に造られることが決定すると地価があがり小作料がつり上げられると考えたためである。そして、はじめは耕地整理組合を作って人毛工場を受け入れようとしていた高須新田の人々も反対側に変わっていった。

反対運動の中心的な原動力であった前芝村の漁民たちは、年が明けた昭和九年一月十日、前芝村公会堂*で前芝漁民大会を開いて人毛工場反対決議宣言を採択して、精力的に反対運動を展開していった。

さらに、東三水族擁護同盟会は、一月十六日午後、豊川沿岸の二十三の漁業組合の反対者を集め、専願寺で氷雨の降る中、警察官の警戒をしりめに第一回漁業大会を開いた。「我らの生活権擁護のため、水産業に被

前芝村公会堂

古老によると、公会堂と言われるようなものはなく、神明社の境内に歌舞伎の舞台があり、そこで大きな集会は行われていた。

たびたび反対集会が開かれた専願寺（高洲町）

共同での反対運動

昭和九年一月十三日、東三河水族擁護同盟会と工場予

害をおよぼす人毛工場建設を絶対反対す」との決議をあげ、会長加藤六蔵を先頭に約五百名が豊橋市役所へ反対デモを行った。代表三十名が丸茂市長に会い、加藤六蔵の

「人毛工場の設置は各地を視察した結果、経済を超越する施設を行わない限り、水族に被害を与えるものと確信する。したがって、その設置に絶対反対であるから、その位置を変更してもらいたい。」

との陳情に対して、丸茂市長は、

「工場の位置を変更することは私としてはできないことだ。」

として、人毛工場誘致の必要を豊橋市の発展の上から主張し、話し合いはもの別れに終わった。

一月二十二日には、前芝漁業組合の役員が中心になって作成した陳情書を、二十八漁業組合、約六千人の署名を添えて市長に提出し、陳情した。

(牟)一月十日、前芝の委員が三~四人事務所にきて豊橋市長に陳情書を出したいから打合わせに五~六人来て相談に乗ってくれないかということであった。……

陳情書を読んでもらい、賛成であったので十部を持って帰

定地周辺の小作農四十余名が、豊橋駅前、吉野屋旅館に集合。共同での反対運動を決議した。

一月十三日「喫煙室」
原始的漁業と都市発展

人毛工場設置絶対反対を唱えて猛烈な反対運動を続けている東三水族擁護同盟会の一部に、旗印を転換して補償要求で進もうと主唱するものが現れたことは注目に値する。色々なことはいうけれども、水産業と近代工業とは原則論的に両立することができない運命におかれていることを、まず知らねばならない。豊橋の場合においても、もちろんそうだ。

東三水族擁護同盟会が人

丸茂市長宛提出したる

陳情書（寫）

今般貴市内高洲町に日本人造羊毛株式會社工場を設置の御計劃の由承り我等三河灣並に豊川沿岸水產業者四千四百〇四名は驚愕に堪へず玆に市長閣下の御賢察を仰ぎ度謹んで陳情仕候

御承知の如く人造羊毛の製造に當りてはパルプを原料とし苛性曹達、二硫化炭素、硫酸、鹽酸、硫化曹達、漂白粉の如き水產動植物に有害なる劇藥を多量に使用し假令廢液淨化裝置を施すとしても尙被害を免るゝ能はざるは人造羊毛と極めて類似せる製造工程を有するヴイスコース式人絹工場所在地に於ける工場對水產業者鬪爭の實例に依るも明白に御座候

今その實例の二、三を擧ぐれば岡山縣倉敷市に本社を置く資本金貳千萬圓の倉敷絹織株式會社倉敷工場（日產十六噸）は昭和二年建設され當初は何等の淨化設備無之ため附近民家の井水酸味を帶び尙又沿岸漁穫高減少するに及び縣當局の追加命令發せられ四拾五萬圓の經費を以て淨化裝置及び延長二里半の排水暗渠を築造したれども海邊漁場の被害範圍は尙擴大しつゝある有樣に有之候又琵琶湖畔石山町に聳え立つ三井財閥の經營になる資本金參千萬圓の東洋レーヨン株式會社滋賀工場は現在日產二十二噸の工場に候へ共昭和二年設立當初には日產五噸の工場にして拾五萬圓を費したる淨

丸茂市長に提出した陳情書

毛工場設置に反対したところで、遠からず豊橋築港が実現をすれば海苔漁場はもとより縮少されるであろうし、近海漁業の範囲は恐ろしく縮少されるのは明瞭である。いずれにせよ、豊橋市の産業的発展は、遅かれ早かれまぬがれられず、したがって豊橋地方の水産業が衰退するであろうことは、どうすることもできない約束とみるべきである。

　このような例は欧米はもとより日本の各地において枚挙にいとまがないほど沢山あるのである。人毛工場設置には反対し得ても築港の問題になれば、大局的に反対し得ないのが事実とするならば、豊橋地方における水族擁護の運命も説明するまでもない。原

り、各町代表者に岡田文一が読んで聞かせ、皆同意したので一部ずつ持って帰ってもらった。町別総会を開いて組合員に読み聞かせ、各漁業組合員氏名連署の上、捺印して十八日までに提出するよう指示した。

結果、五六六名の署名を提出した。

(牟)豊橋市と会社側との契約締結のため、我々の反対運動も日々力強く、各町漁民は一致団結して漁場を守り抜こうと決意し、市に対して立ち向かうことになった。

ところがこの頃になると、豊橋警察の警官が官服・私服で毎日五～六人は事務所に張りこむようになった。そこで私たち委員も相談がしにくくなったので、大切な話は谷山鯉三郎宅の奥の部屋で相談することに決めた。

始的産業たる漁業延命のために、豊橋市が近代産業都市として伸びなくてもいいというような議論は恐らく起こり得ないであろう。

お互いの見透しが、そこへ落ち着く以上、人毛工場絶対反対を主張して補償要求の機会を失うことは漁業家にとって大きな損害である。漁業家はそのことを知り、転向の方法を講ずべきである。しかし、それについては市当局その他においても転業の犠牲を最小限度に止めるためには、補償斡旋(あっせん)について、万事に手抜かりがないようせねばなるまい。私は問題をここまで推移させたいと思う。(原文一六八頁)

『新朝報』コラム「喫煙室」西進策(河合陸郎)より

三辺知事への陳情

東三水族擁護同盟会は、一月二十五日午前十時、牟呂普仙寺(ふせんじ)*で第二回漁業者大会を開き、人毛工場反対決議を行い、市はもとより、県知事への陳情を行うことを決定した。そして、約千名が自転車を連ねて市役所へ押しかけ決議文を差し出した。

翌二十六日、前日の決定にしたがい、宝飯の漁業組合の漁民を中心に牟呂の漁民を加え、約千五百名が愛電(現在の名鉄)で愛知県庁へデモを行った。*

会長加藤六蔵をはじめ、小林増雄、塩野谷森勝、小林利衛、小柳清など十名の代表者が三辺知事に面会し「人毛工場が豊川河口よりわずか数町の上流にある高須町に造られるならば、三河湾三百万坪にわたる年額七十万円の水産物は致命的な打撃をこうむり、五千名の漁民の生活権は奪われるから、絶対不許可にされたい」と陳情した。三辺知事は「県へはまだ工場誘致申請はなされていないが、できるだけのことはする」と聞きおくという態度であった。

普仙寺

普仙寺　豊橋市牟呂中村町
江戸時代中頃まで「市場」にあったが、火災により現在地に移転したという。そのためか檀家は「市場」にもっとも多い。享和三年(一八〇三)に伊能忠敬(一七四五～一八一八・蝦夷地からはじめて十七年間で全国の沿岸を測量し実測図を完成した)一行が海岸線測量

その時のようすを小柳清、小林利衛は次のように話している。

宝飯五ケ組合の全員と牟呂の一部を加えて千五百名ぐらいが愛電に乗って出かけた。県庁へ行く時は、市へのデモと違ってみんな服装もちゃんと整えておとなしく行った。今の県庁ではなく、当時は武平町の中村百貨店の前にあった木造の庁舎だった。漁民たちが乱暴するといけないので、みんな広い県会議事堂へ入れられた。そして、代表者だけ知事にあった。人毛工場を許可しないように要求し、工場ができると三河湾の漁場は荒れ果て、水産物はだめになる。我々は生きんがために訴えに来ましたと述べた。三辺知事は、慎重に考えると答えていた。

に来たとき宿泊しており、牟呂の中心的存在の寺。

県庁への陳情

各町代表は、二本の臨時電車と特急、急行に分乗し名古屋市でデモ行進を行った。

人毛反対運動の闘士
小林利衛(伊奈)

ビラ合戦

東三水族擁護実行委員会は、豊橋市民に訴えるため、「人毛問題に関し血涙を揮って水産業者の苦衷を親愛なる豊橋市民諸君に訴ふ」という前芝村前芝六一番地、石原英二が責任者であるビラを二万枚、一月三十一日早朝、市内に配布した。そして

○ 水産業に悪影響をおよぼす人毛工場に反対するのであって、大工場誘致に反対するのではない。
○ 漁民の生活権擁護のための反対運動である。
○ 高須町以外に適当な土地がある。
○ 超経済的設備によらなければ、排水の完全浄化は不可能である。
○ **市長の「万一水産業者に実害が生じた場合は市で損害補償をする」という言葉は信頼できない。**
○ 一営利会社に多大な特典を与えている。

など漁民の主張を具体的に訴えている。

これに対し、豊橋市側も二月三日「日本人造羊毛株式会社排水の処理

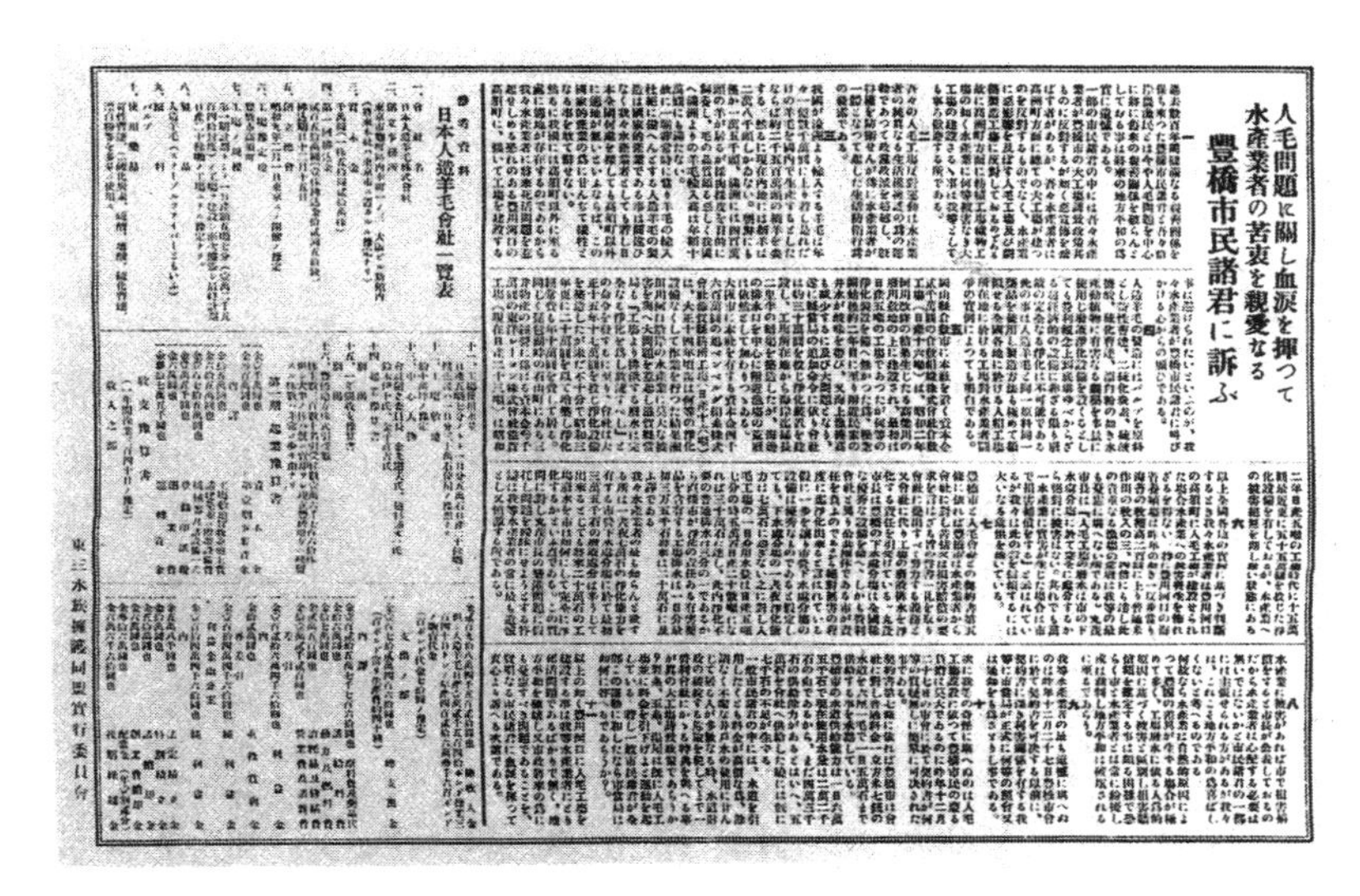

人毛問題に關し血涙を揮つて
水産業者の苦衷を親愛なる
豊橋市民諸君に訴ふ

參考資料
日本人造羊毛會社一覽表

東三水族擁護同盟實行委員會

東三水族擁護同盟会が昭和９年１月31日早朝から市内に２万枚配布したビラ

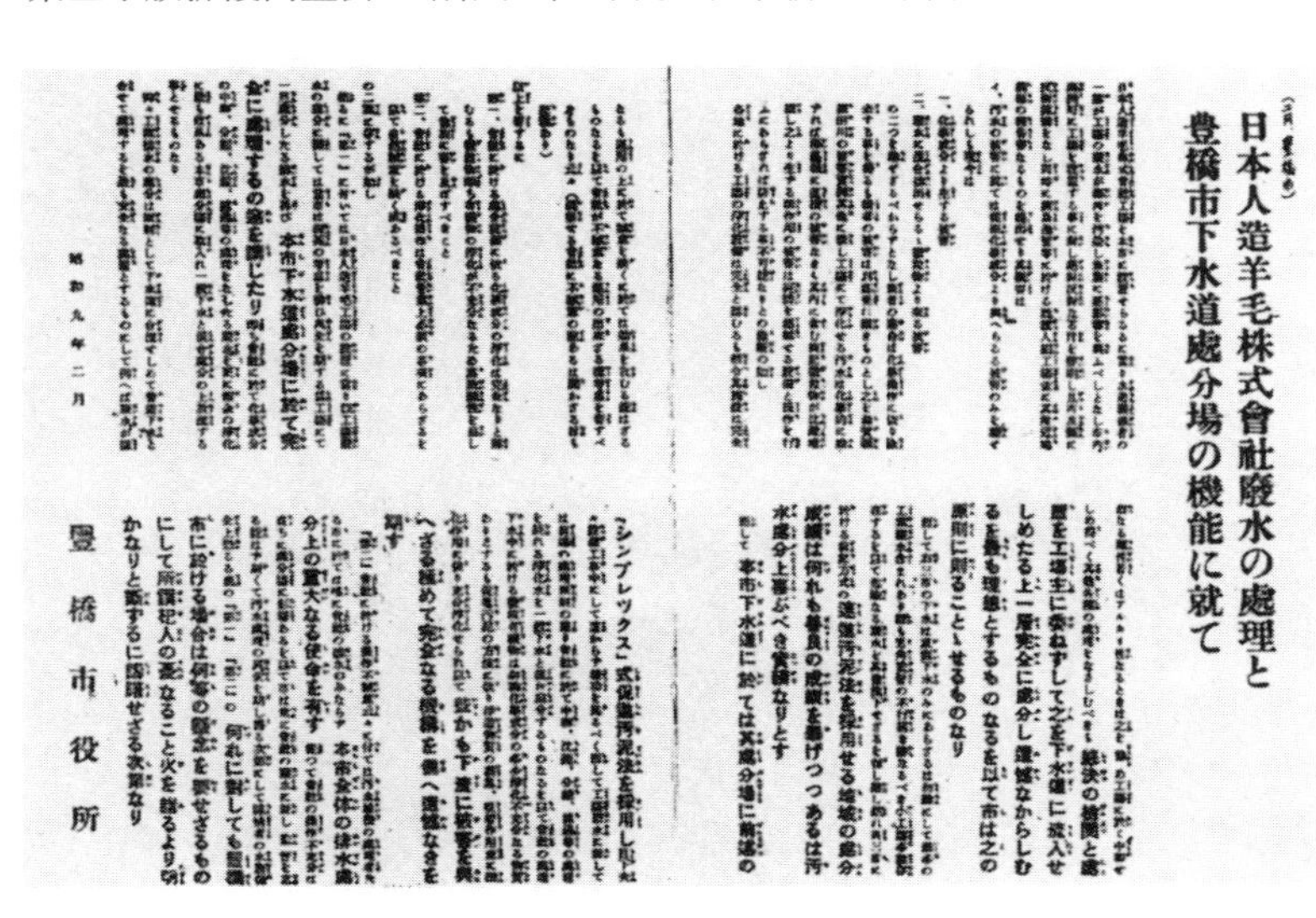

日本人造羊毛株式會社廢水の處理と
豊橋市下水道處分場の機能に就て

昭和九年二月

豊橋市役所

豊橋市役所が昭和９年２月３日に市民に配布したビラ
市の下水処分場の機能がすぐれており
人毛工場の排水の処分が完全に出来ると訴えている

と豊橋市下水道処分場の機能に就いて」のビラを配布し、豊橋市の下水処分場は、「シンプレックス」式促進汚泥法を採用し、下流に被害を与えないきわめて完全な機構を備えたもので、水族擁護同盟の主張する水産業への悪影響は心配ないと、巻き返し作戦にでている。

日暮れて道遠し　足場なき人毛會社

是か否か兩者は語る

「その工場チヨツと待つた」と[illegible]生活權の擁護を大呼し絶對反對を叫ぶ[illegible]日本人造羊毛は何處へ行く?! [illegible]「豐橋發展のために」[illegible]六千戸に垂んとする業者の生活權と[illegible]「市も土地も問題」と[illegible]したんだが……[illegible]房に絶對反對を[illegible]人造羊毛と何處[illegible]概念に向つて[illegible]死活問題」と[illegible]して見る

東京の處分場では金魚がピチ／＼

反對説は爲にする宣傳と　正義論を説く丸茂市長

人手のためぢやない、いま流行の「大同風邪」に冒されたんだといふ市長さん[illegible]、のどもとを[illegible]マフラーで巻き、日ごろは[illegible]の好い顔もなんとなく蒼白、ストーブ[illegible]見たのは昨日か

×

「ひどく[illegible]しましたね」と[illegible]これに答へもせず市長は[illegible]上の[illegible]を[illegible]取り出した、見れば[illegible]長から[illegible]を[illegible]とする[illegible]を[illegible]の[illegible]問題である

「豐橋は將來商工都市として發展すべき[illegible]の[illegible]を[illegible]してゐるのだから商工都市として[illegible]するのでなければ[illegible]發展は期し得られない、この[illegible]から生れたのが今度の[illegible]であり大工場の誘致なのだ、この將來の見透しも出來ず[illegible]に反對する大馬鹿がある」

×

風邪ッ氣もどこへやら消し飛んで[illegible]ト紅潮をみなぎらせ語は[illegible]業者への[illegible]となつて

ゆく

「何處を視察して來たのか知らぬが視察の要點を曲げて……[illegible]に赴いた甲乙丙丁いづれも意見を異にしてゐるといふ[illegible]をこちらは握つてゐる、[illegible]の[illegible]で排液を有害だといふが最新科學をもつて設備した下水道處分場で淨化するのだから問題はないぢやないか、東京三河島の處分場では金魚を飼つてゐるぞ、これでも有害だといふのなら下水道處分場そのものに反對すればいいんだ、一般市民中には業者の宣傳に乘ぜられ誤まつて有害と信じてゐるかも知れぬがこれらの科學的無智者は嗤ふのほかはない

と處分場の機能を[illegible]し絶對に無害だ、有害説はデマだと說き更に

「一歩を讓つて萬が一にも實害があつた曉は市が補償しようといふのぢやないか、だから水族に及ぼす被害は問題でないのだ」

×

では何故敷地買收工作が圓滑に進まぬのか、市長はいふ

「それは曲げられた有害の宣傳と地主の間に土地の値上りを計畫して賣り惜ぜぬためもあれば、政黨の關係更に斡旋者に對する反感からだ、また反對論者の肩の肚を割つて見ればこれに乘じて幾何かでもものにしようとする魂膽がありはせぬか、これは眞平お斷りだ、正しい道を行くのが政治だ、政治をまげることは工場が一つ二つ來るよりも重大問題なのだ

しい言葉であつた、曰く

「土地が纏らねば致し方はない、會社に頭を下げて他都市へ行つて貰ふだけだ、人は私の責任だと呼ばはるかも知れぬがそれは邪魔立てした奴が惡いのだ、一日も早く立派な體に育て上げようと可愛い子供にそれ牛乳だやれお菓子だと與へようとしてもおなかが痛い、食べたくないと泣き出したら仕樣がないぢやないか、それと同じだ、私は萬全を期したのだが邪魔するのだから致方はない、他へ引越して貰ふだけのことゝあきらめてるのだから私の心境は不相變朗かなものだハヽヽ、

と市長ははじめてこゝで笑つた、だがその笑ひもなんとなく寂ろに聞えた、何故なら如何なる障碍を[illegible]はらうと我行かんとさながら天馬空を行くの概があつた丸茂さんを思へば[illegible]朗らかな心境とはいふが恐らく胸中一抹の寂寞があると思ひなしか面影に[illegible]を[illegible]せて[illegible]する千軍萬馬の老政客丸茂さんの眞價値ではなからうか

×

だが人毛問題の將來に說き及べばそれはあまりにも期待に反した寂しさらう

語る丸茂豐橋市長

三萬漁民の生活を脅かすこの根據

斷じて爲にする反對でなし　市は無責任と語る加藤氏

加藤大三郎氏は人も知る元代議士で三河乾海苔同業組合の重鎮しかもその邸宅は問題の高須町に近い豐川河口の前芝にありいはゞ東三水族保護同盟會を構成する三十組合六千戸三萬餘のあざり人は同氏の兄弟であり子分でもあるのだ、だから家の子郎黨の一大事とあつて自ら同盟會長となり反對運動の眞先に乘り出したわけである

×

私らは反對せんがため反對するのではない、有害なる工場排液によつて海苔業者だけで[illegible]額七十萬圓（昭和七年度）その他の業者を合せて[illegible]百萬圓かの產額をあげこれによつて生活を營んでゐる六千戸三萬餘人の業者が生命線を奪はれて飢餓線上にうごめかなくてはならぬ由々しき重大問題だから反對を叫ぶのだと前提して排液有害の科學的根據を諄々と說いて

私[illegible]、岡山、[illegible]地方における[illegible]工場を再三にわたり實地調査して各縣の水產試驗場を訪ひまた漁業者と親しく面談しかつは[illegible]しきつた[illegible]を目擊[illegible]に[illegible]を免れ得ぬ確信と信念を得たのだと結論市當局のいふ無害說を衝く

×

更に下水道處分場へ鋒先は轉じてもし市長のいふが如く處分場で完全に淨化し得るとしても下水道處分場の一畫夜淨化能力は七萬石でこれに對し工場の一日排水量は第一期計畫だけでも五萬石やがて全能力をあげた曉は三十萬石だといふその際はどうするといふのだ、かく數字上で見るも[illegible]淨化の事實上絕望なことは明白ではないか、これをも

市として發展する、[illegible]も內務省の指定港として修築されることになるのだからやがて豐川河口の漁場は解消するわけだ」との暴言だ、元來[illegible]港の修築されは自體が[illegible]つぽものぢやないか、[illegible]郡には前芝、三谷、蒲郡各港もれつきとした內務省の指定港である[illegible]なら[illegible]知らず[illegible]から全額を支出されるわけでもなく二千萬圓乃至五千萬圓も要すると[illegible]業がこゝ十年廿年で出來ると思ふか、[illegible]同然の問題を根據に漁場の全滅、ひいて漁民の生活問題を[illegible]りにも不誠意なる言にむしろ當方で呆れ返つたわけだ

とさすがは[illegible]上の古强者だけ無視して工場が[illegible]するとすればやがては處分場の擴張を餘儀なくされ早晚市民諸君は一億和會社のために三百萬、三百萬圓の巨額を負擔しなくてはならぬのだ

×

先日業者の調印を取纏めて市當局へ陳情に赴いた際市長にこの淨化能力を追及したところぐうの音もなく話題を築港問題に轉じていはく「豐橋は將來商工都市

に[illegible]鋭く吾等火をはくの[illegible]

×

そこで記者「若し被害ありとすれば補償すると市では言明してゐるではないか」

そこだ市では補償するからといふがそれは口實で苦情をつける[illegible]に定つてゐる、何故ならほかの產業と異なつて水產業は天候に左右されるのだ、早い話が七年度の乾海苔は七十萬圓の產額をあげたが今期は不作だつたやうに[illegible]定の規準がないのだ、いはんや他の汚產物から有毒ガスにやられる農產物、家畜等を思へば到底補償し得るものではない

故にこの見地から水產業者たらずとも高須町界隈の農家いづれもこの怖るべき害毒を直感してその土地の賣收に應しようとせぬのだ、今後とも斷々乎として反對運動に邁進することは勿論だが處分場の能力問題からいつても縣或は內務省が工場建設を許可せぬことは想像に難くないからやがて我々業者の生活擁護の叫びは容れられて凱歌を奏することゝ期待してゐる

と[illegible]つて氣焰と「朝日」の紫煙をチヤンポンにプツとあげた

語る加藤同盟會長

牛久保町商工會反對表明　市と會社側へ陳情書提出か

日本人造羊毛工場の敷地豫定地たる寶飯郡[illegible]高須町に隣接する寶飯郡牛久保町商工會では人毛問題につきより／＼對策を進めた結果大工場が同地に設置されやうと同工場の生活必需品がすべて工場內の消費組合などにて購買されるが故に業者の受くる利益は少なく一方いよ／＼設置の曉は多年多大の恩顧を受け得意先であつた豐川沿岸漁業者の將來を憂慮した利害關係から同商工會としても人毛設置に反對することに態度を決定、今後は東三水族保護同盟會の運動を積極的につゞけまづもつて豐橋市當局ならびに會社側へ反對の陳情書を提出することゝなつた

2月16日　名古屋新聞

人毛工場候補地の変更

激しい人毛反対運動によって、高須町における工場敷地の買収交渉は、ほとんど絶望的な状況となってきた。

二月二十六日の新朝報は、「人毛工場敷地買収交渉係りの陣容一新」との見出しのもとに次のように報じている。

「市当局ではこの買収交渉が行き詰まって来た原因経過等にかんがみ一切の買収交渉に市当局が自ら当たることを決定。その陣容も従来の如く長崎土木課長一人に任せず、本田下水道所長も第一線に立ち、会社関係には手をひいてもらい、すべてこの責任を市当局が負うて乗り出し、地主の感情的わだかまりを一掃することになった。かくてもなお買収交渉不調の場合においては最後的手段として敷地を他に変更する模様である。」

また、同日の参陽新報は、「人毛問題　高須町に設置案は反対運動側に凱歌(がいか)」としている。さらに、同日の名古屋新聞*も、「敷地買収の鋒先(ほこさき)遂(つい)に転向か、第二第三の候補地に向かってきのう市当局善後策」の見出し

名古屋新聞
中部日本新聞社の前身。(約二十万部)
当時、名古屋新聞の他に「新愛知」(約三十万部)があった。戦時下、政府の介入で新聞統合により両者が合併して「中部日本新聞」となった。

によって

「十五日午前十時から助役室に鈴木助役、長崎土木課長、本田下水道課長、原産業課長、その他が参集、長時間にわたって鳩首（きゅうしゅ）協議*をとげた結果、柳生川沿岸、小向町等の物色されつつあった第二、第三の候補地に向かって敷地買収の鉾先（ほこさき）が急転向し工場誘致工作の一歩推進をはかることに決定した模様である。」

と報じている。

二月中旬以降、工場候補地は高須町に隣接している小向町地内と、牛川町沖野の両地がにわかに注目され、市当局の必死の説得が行われるとともに、反対派も精力的に両地区に対して反対運動を展開しだした。

鳩首協議
相談事などのために大勢集まって頭をつき合わせて話し合うこと。

調査報告と農漁民大会

東三水族擁護同盟会では、二月十日、滋賀県の東洋レーヨン、同旭ベンベルグ、岡山県の倉敷人絹工場の漁業に与える被害調査のため、前芝の石原英二、梅藪の小柳清、伊奈の小林利衛、中西源次、牟呂の岡田文一、大塚の池田善一の六名を第三回調査団として派遣した。そして、丸茂市長の人毛工場の排水は無害であるとの主張を粉砕するにたる被害の実態を調査することに努めた。調査団員の一人、小柳清は次のように述べている。

この調査では、一行は会社や漁業組合に行かず、実際漁業をやっている漁民の家へ立ち寄って、その被害の実情を調べました。滋賀県石山にある三井財閥系の東洋レーヨンの工場排水が被害を起こして大問題になったので、会社は当時の金額で約七十余万円の巨費を投じて浄化施設を建設したのだが、それ以後も時々魚が死んで浮いたり、また、その付近の相当広い地域に湖底でシジミが全部死んでしまって、全然採れなくなってしまった、ということを漁民から聞きました。その漁民は、「いかに莫大な金をかけて浄化装置を作ってもだめだから、絶対に工場を建てさせてはいけませんよ」と言って激励してくれました。

次に、岡山県の倉敷人絹工場に行きました。ここでも漁民の家を尋ねていろいろと聞きました。ここは豊川河口と同じようにノリを採っていましたが、工場ができてからその排水でだんだんノリが採れなくなったと嘆いていました。

また、倉敷絹織株式会社は、長さ約十キロの暗渠水路*によって排水していたが、そのようすについて同調査団の小林利衛は次のように話している。

そこでは、工場から海まで十キロの距離に土管を通して、その土管で工場からの排水を海に流していました。その土管から海へ出るところに、番人の小屋があり番人が立っていました。わたしが出てくる排水を見ていると、管の奥から古綿みたいなものが流れてきます。番人に「こんなものを流していいのかね」と聞くと、「これは害なんかじゃない。これを魚が食べるとよく肥える」と言います。わたしが、「おれたちも、旅行で遊びに来てるんだから、あんたもかたいことを言わんで、ほんとの話をしようじゃないか」と問いただしましたところ、

暗渠水路　かんがい排水のために地下に設けた溝。

番人は、「土曜日の昼からと日曜日は浄化しない水を流すんだ」と言いました。浄化するには相当のお金がかかります。営利会社だから捨てる水にお金をかけたくないというのが本音なんでしょう。

この調査報告を兼ねて、第三回農漁民大会が、二月十五日午前十時から、前芝小学校*において開かれた。当日は旧正月でもあり、地元はもとより、遠くは西浦の漁業組合など各地から多数の農漁民が出席し、会場は身動きできぬほどの大盛況であった。

会場では、調査団から滋賀、岡山各地の被害状況の報告があり、今後ますます強固な団結を誓い、反対抗争を続けていくことを決議した。

なお、牟呂漁業組合では、同じ十五日午後二時から牟呂町普仙寺で臨時総会を開き七百名が出席した。被害調査団を代表して岡田文一が報告した。組合員の中には人毛賛成派の者もいるので、反対陳情書に調印を拒む賛成派は除名または漁業権の行使を停止せよとの緊急動議が出され、殺気立ったやりとりが豊橋署特高課総動員で警戒する中で進められた。

一方、人毛工場の第一候補地の高須町の町民有志も調査に加わり、各

校舎中央より左は音楽室等特別教室で、仕切りをはずすと講堂になった。

前芝小学校 昭和２年 現在地へ移転当時の全校記念写真
『豊橋市立前芝小学校創立百周年記念誌』より

地の被害が甚大であることを知って、同町内の空気を一挙に反対派に合流させるにいたった。そこで、東三水族擁護同盟会としては、第二候補地として有力視されてきた小向方面に被害事実を知らせるために、梅藪の小柳清の作成になる「人毛工場設置問題に関し水産業者の悲願を親愛なる小向町方面の諸君に訴ふ」のビラを小向町方面に配布した。

このビラは、十三項目の被害事実や人毛工場反対の理由を具体的にあげている。「これは総合的な被害調査の報告であると共に、今後の人毛工場誘致反対運動の理論的根拠をなすものとして注目されている」と名古屋新聞も高く評価している。

「小向町方面の諸君に訴ふ」

人毛工場設置問題に関し

水産業者の悲願を親愛なる……

我々三河湾沿岸並びに豊川流域水産業者一同は、今回関西方面へ派遣した第三回目視察団の報告によって、人絹工場並びに人毛工場が水産動植物へはもちろん、農作物や人畜に対しても憂慮すべき被害を与える事実を知りました。大略つぎの通りです。

前芝小学校での漁民大会　昭和９年２月15日

小向町候補地

四月二十日の大衆新聞は、「地上作物補償価格も決定…地上作物の補償額も各委員によって既報の麦三十円以下、桑十円以下、野菜三十円以下、果樹五百円以下の原則

1　東洋レーヨン、旭ベンベルグ両会社の工場所在地である瀬田川のシジミは廃液排水により、下流一里（四キロメートル）十町にわたり全滅した。浄化設備築造後も益々拡大しつつある。

2　フナ、アユ、コイは絶対寄り付かない。鈍感な小雑魚は泳いでいるが、悪臭があって食えない。

3　琵琶湖並びに岡山倉敷絹織下流の福田新田海岸の藻類は甚大な被害を現している。

4　工場から発生する二硫化炭素、硫化水素、硫酸などの毒性をおびた不良ガスの悪臭は風下十五町に及ぶ。

5　この悪性ガスの影響によって倉敷人絹工場付近の養蚕家は工場設立前は種紙一枚（一五グラム）につき八貫匁も収繭（しゅうけん）したが、現在では如何に技術の改良に努力しても三〜四貫匁より収繭できない状態である。

6　滋賀県膳所（ぜぜ）にあった県立農事試験場は同町に人絹工場設立後試験不可能におちいり草津に移転した。

7　人絹工場や人毛工場は非常に多量の水を使用する。（豊橋へ建つ人毛工場は最初一日五万石最後三十万石使うと会社側は言明している）、このように多量の水を使用する結果、深い掘りぬきを掘って昼夜くみ上げるため、倉敷人絹工場付近数ヶ所町村にわたり掘りぬきは弱り、井戸水も減少し、付近民家は会社から飲料水をもらい当番が交代で各戸へ配給している。

8　倉敷工場付近では会社が多量に夜昼くみ上げるため、水田変じて畑になり、まだ水田になっているところも、用水不足のため他地方が豊作であったときも

価格に基いて整理組合に渡す
……」
と報じている。

したがって、買収候補地は当時畑地もあった現在の二十三号線より北の地域であったと推定される。

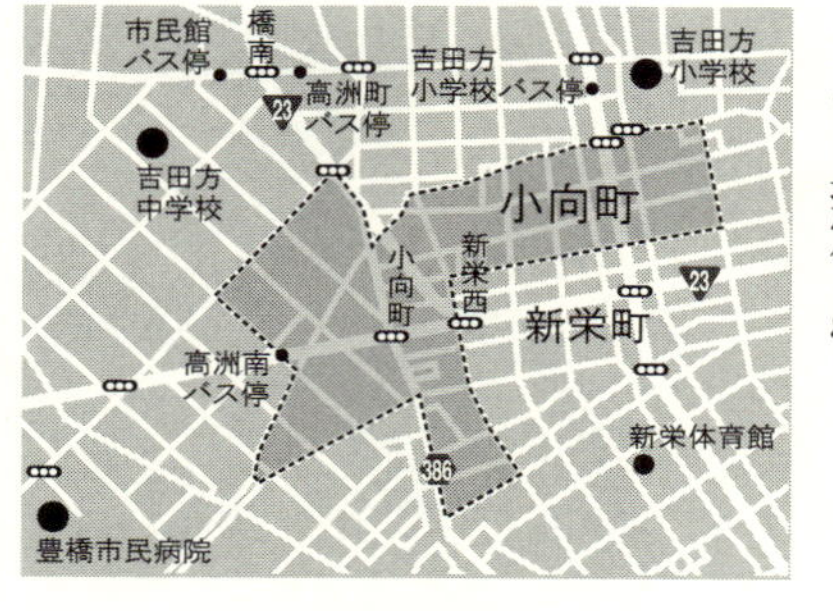

小向町の位置

不作であったと同地の農民諸君は語った。

豊橋でも人毛工場へあまりに安い料金で水道を供給するのに対し、市民諸君の間に反対の世論が高まってきたので、その緩和策として丸茂市長や会社の重役は堀抜の水をたくさん使用するようなことを最近発表したが、もしそうだとすると、各地の実例からみて人毛工場を中心に少なくとも二十町四方の掘りぬきや井戸に影響するであろう。もしこんなことになったら、製糸、養魚、温室の掘り抜きは大打撃を受けるに違いない。

工場所在地の土地の発展について言えば、倉敷でも瀬田川でもともに工場内部に購買組合があって市価より安く売っておるから町へ金をたくさん落とさない。どの工場でも初めは地元の人を使ってやる。また野菜を買ってやるといって、地元の賛成を求めたが、さて、工場建設後は半年ぐらい野菜を買ってくれたが、現在ではよほど大量にまとめないと買ってくれない。買ってくれても大きな青物市場で会社が大量まとめて買う値を標準に買うから値が安いと土地の人はこぼしていた。

人絹工場の従業員は劇薬や不良ガスの中で働くから健康をこわし、早いものは一週間以内で辞職し、長いものでも三年と勤務する者は少ない。このように不衛生でその上安い賃金だから地元の人で働きに行っている人はどこの人絹工場でもごく少ないように見受けた。そして注意すべきことは人毛工場では不良ガスは形容しがたい悪臭を有し、しかも空気より重いから、曇天や雨天には容易に四散せず、もし風下に小学校があったら児童の健康上ゆゆしき大問題になること必定である。

高須町の町民諸君は各地人絹工場実地に視察して悪臭をかぎ、工場設立の土地の発展におよぼす影響を自分たちで観察した結果、高須町町内に人毛工場を建設に絶対反対しておられる故に、小向町、新栄町、吉川町、菰口町、野田町など、各地に視察された後に態度を決定されるよう切にお願いするしだいです。
以上の諸点について視察研究の結果をくわしく諸君にご報告いたし、ご同情を仰ぐため、近日演説会を開催する予定でありますから、その際には是非ご来聴下さいますようお願いいたします。

昭和九年二月

東三水族擁護同盟実行委員会

(年)二十日反対派は市民大演説会を東雲座(しののめざ)*で午後六時から二千名参加して開いた。滋賀県から、瀬田漁業組合長、神永氏が応援演説した。

東雲座
明治三十三年設立。定員一、一八五名と市内随一の劇場であり、豊橋演劇会の中心的施設であった。

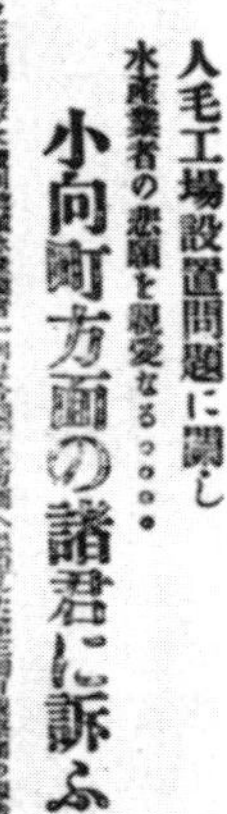

人毛工場設置問題に關し

水産業者の悲願を親愛なる。。。●

小向町方面の諸君に訴ふ

吾々三河湾並びに豊川沿岸水産業者一同は今回[illegible]方面へ[illegible]した[illegible]の場合に依って、人絹工場並びに人毛工場が水産物[illegible]に對して[illegible]を與へる事實を知るを得ました。大略左の如くであります。

一、東洋レーヨン、旭ベンベルグ[illegible]の工場所在地である瀬田川の[illegible]は[illegible]排水により、下流一里十町に渉り全滅した。[illegible]

一、鯛、蛤、貝は[illegible]。[illegible]

一、琵琶湖並びに岡山倉敷、[illegible]の[illegible]は[illegible]大なる被害を現はしている。

一、工場から發生する二硫化炭素、硫化水素、亜硫酸等の毒性を帯んだ不良ガスの悪臭は風下十五町に及ぶ。

一、この悪性ガスの影響に依って[illegible]人絹工場附近の[illegible]は工場設立前は桑紙一枚（十五グラム）に付入貫以上も収繭したが、現在では如何に技術の改良に努力しても三～四貫位より収繭出来ぬ状態である。

一、滋賀県膳所町にあった[illegible]試験場は同町に人絹工場設立後試験不可能に陥り草津町に移轉した。

一、人絹工場や人毛工場は非常に多量の水を使用する。（豊橋へ建つ人毛工場は最初一日五萬石最後三十萬石使ふと會社側は言明して居る）かように必要の水を使用する結果、深い[illegible]を掘って盛に汲みあげる結果倉敷人絹工場附近は[illegible]村に渉る[illegible]は涸れ、井水も減少し、附近民家は會社から飲料水を貰ひ[illegible]が交代で各戸に配給してゐる。

一、倉敷工場附近では會社が多量に地下水を深く汲み上げるため、水田[illegible]て[illegible]、また水田になっているところも、用水不足の為[illegible]が豊作であった年でも作柄が不良であったと同地の農民諸君は語った。

一、豊橋でも人毛工場へ[illegible]に安い料金で水道を供給するのに對し市民諸君の間に反對議論が高まって来たので、其の[illegible]として[illegible]は[illegible]の水を[illegible]使用する様なことを會社に言明したが、若しもさうだとすると[illegible]の實例から見て人毛工場を中心に少なくも二十町四方の[illegible]や井戸に影響するであらう。もしこんなことになったら[illegible]、[illegible]、[illegible]の[illegible]は大打撃を受けるに相違ない。

一、工場所在地の土地の[illegible]に就いて言へば倉敷でも瀬田川でも共に工場内部に[illegible]があって[illegible]より安く[illegible]てゐるから町へは金を落さない。

一、どの工場でも初は地元の人を使ってやるといって、地元の[illegible]を求めたが、さて工場設置後は中々[illegible]を買つて呉れたが、[illegible]では[illegible]大量まとめないと買ってくれない。買つて呉れても大きな[illegible]で[illegible]が大量まとめて買ふ様を[illegible]に買ふから値が安いと土地の人はこぼしてゐた。

一、人絹工場の従業員は[illegible]や不良ガスの中で働くから健康をこはし早いのは一週間以内で辞職し、長い者でも三年と勤續する者は少ない。かように不衛生で其の上安い賃銀だから地元の人で働きに行ってゐる人はごく少ない様に見受けた。そして注意すべき事は人毛工場では人絹工場でもごく少ない[illegible]不良ガスの發生が[illegible]で[illegible]人絹工場の三、四倍も發生するから従業員の健康状態は特に大問題である。

一、人絹工場や人毛工場は工場内に絶へず發生する有毒な不良ガスを新鮮な空氣と入れ換る為め特別な換氣装置を有してゐるが、こうして工場外に排出された不良ガスは[illegible]しい悪臭を有し、しかも[illegible]よりも[illegible]いから、曇天や雨天には容易に四散せず[illegible]風下に小學校等があったら兒童の[illegible]上由々しき大問題となることは必定である。

一、高須町の町民諸君は[illegible]人絹工場實地に視察して悪臭をかぎ、工場設立の土地の發展に及ぼす影響を[illegible]した結果、高須町地内に人毛工場を建設を絶對反對しておられる故に、小向町、[illegible]町、吉川町、[illegible]町、野田町等の諸君も各地の人絹工場を實地に視察された後に態度を決定される様切に希願する次第であります。

以上の諸点について調査研究の結果を詳しく諸君に御報告致し、御同情を仰ぐため、近日**演説會**を開催する豫定でありますから、其の際には[illegible]御来聴下さる様御願ひ致します。

昭和九年二月

東三水族擁護同盟實行委員會

東三水族擁護同盟会が人毛工場第二の候補地小向町方面に配布したビラ

大豊橋建設期成同盟会の結成

一月三十一日、豊橋市内の町総代幹事会は、九名の委員を選び工場誘致委員会を設けた。同委員会は市発展のために各種大工場の誘致を助けることを決定した。そして二月六日には大豊橋建設の声明書を発表した。それは、豊橋港修築と豊川改修を中心に各種施設建設の大事業の実現による大豊橋建設のための期成同盟会の結成を望むことを声明している。

この声明書により、二月二十一日午後二時から市公会堂において「大豊橋建設期成同盟会」の創立総会が開かれた。そして、会長に市長丸茂藤平が推挙され、人毛問題にも積極的に乗り出すとの希望意見を採択した。総代会を中心とした人毛工場誘致運動は、市、市会、商工会議所を加えて一体化されて、大豊橋建設期成同盟会という組織となり、東三水族擁護同盟会に対抗することになった。

市公会堂　昭和６年完成　収容人員約1,000名
『戦前の豊橋』より

有害・無害　水かけ論争

大豊橋建設期成同盟会の人毛工場誘致運動の手始めとしての活動は、岡山・広島・山口・滋賀県の人絹工場地帯の実状調査を、二月二十三日と二十五日に二班に分かれて行ったことである。

大場恒次郎はじめ五名の第一班調査団は、二十六日朝、豊橋に帰り翌日の新聞紙上に調査報告の概要を発表している。名古屋新聞によると、「何らの実害なし。水産業者のもたらした結論とは全く正反対」として、

「水産業者の報告は過去においては事実も相当にある。改善また改善で幾多の設備を重ねてきた今日では、旧の事実は跡方もなく消滅して各地一様その繁栄に拍車をかけている。」

と結論づけ、東三水族擁護同盟会の報告とは正面衝突をきたしてしまった。

大林功はじめ五名の第二班も滋賀県を中心に調査し、その報告も、「現在においては何ら実害を認むべきものなし―工場の所在地方面は素晴しい繁栄ぶりだ」「豊川河口なら申し分はない―調査員一致

の意見」（豊橋新報）

となっている。

そして、三月一日午後七時から市公会堂で視察報告演説会が開かれた。「有害にあらず」と主張する期成同盟会の調査報告と「有害なり」という水産業者の報告に板ばさみとなり、どちらが公正であるのかと気迷う一般市民はもちろん、期成同盟会の報告を聞き漏らすまいとする水産業者も多数来場して熱気のこもる満員の会場で次のような報告が行われた。

「工場排水そのものが有害なるは論をまたぬが、それは決して水産業者の報告する程度のものでなく、しかも科学的浄化装置を施せば断じて有害ではない旨を各工場から実例を挙げて論述し、さらに、工場建設後における都市の繁栄、即ち、工場の支払う租税、材料製品輸送に関する副産物的労銀、従業員集団の購買力から得る地方商人の利益、その他を克明に解剖して、この際躊躇逡巡すべきにあらず、全市一致で工場建設に邁進せねばならぬ。しかも人毛工場を迎えるか否かは将来の大豊橋建設上に至大な影響をもたらすは必定だから同工場は勿論、更に第二、第三の工場を誘致して大豊橋建設を図ること、将来豊橋市の向上発展をする所以である。」
（名古屋新聞）

なお、期成同盟会は、二日夜は吉田方小学校、三日夜は牟呂小学校、四日夜は津田小学校でも同様の演説会を開き、人毛工場誘致運動に拍車をかけた。

こうした働きに対して、東三水族同盟会では参陽新報に次の談話を発表し、無害論に対する反駁闘争を展開していく方針であることを発表した。

「我々の実地調査の結果と県市議会議員たちの調査結果は全然一致していない。水産試験場なり、漁業組合というような直接関係方面の調査は全然行わず、漁業の事実も、人絹化学工業に対する知識も全然欠如せる連中が、会社や政治方面の人々、あるいは直接会社に利益を受けている人々の意見を聞いてきたにとどまる無害論には、我々の被害論を打破する何らの権威も認めることはできなかった。近日中に彼らの無害論を反駁して被害の実情に関しさらに豊橋全市民に徹底する方法を講ずる。」

そして、誘致派調査団がどのような調査を行って無害論の根拠を得たか不審を抱き、その調査団の足跡を調べるため、三月三日調査団を派遣した。三月七日の名古屋新聞によるとその調査団の一名が単身急ぎ豊橋に帰り、五日午後六時、豊橋劇場で二千名を集めての人毛反対大会で、期成同盟会の調査報告のインチキを、地図や統計などにより科学的根拠を示して暴露（ばくろ）した。

(牟)この頃には、市役所および賛成者が我々漁民に対し、賛成呼びかけが盛んになってきた。そこで牟呂側委員と宝飯の委員が相談の結果三河湾海岸漁業者大会を決定した。

さらに、同調査団の全員の帰着を待って八日午後十時から、三河湾岸各地の漁民に地元農漁民二千五百余名を集めて、三河湾岸農漁業者大会が牟呂町普仙寺で開かれた。調査団は人毛工場が農漁業者に被害をおよぼすことを科学的根拠から論じ、期成同盟会の無害論を攻撃し、水かけ論争の泥仕合（どろじあい）はその後も続けられていった。

豊橋劇場　明治34年開業　昭和2年改装
『戦前の豊橋』より

共同調査　不成立

有害・無害の水かけ論に終止符を打ち、決着をつけるため、三月十三日、東三水族擁護同盟会は大豊橋建設期成同盟会丸茂会長に共同調査を申しこんだ。これに対し、双方責任のとれる者を代表に選び、さらに第三者の立会いとして新聞記者数名を同伴させることになった。

丸茂会長は、共同調査を承諾するにあたり「共同調査の結果無害の事実が立証された場合、水族擁護同盟を解散させ反対運動を解散すること」という条件をつけた。これに対し、水族擁護同盟会は、「無害の場合はもちろんその条件の如く責任を持つが、万一有害の事実が立証された場合は、市は三河湾沿岸に排水を注ぐ個所（かしょ）に人毛工場建設に助成せざること」という条件をつけた。この条件に対し、丸茂会長は「有害なればそれを無害とする設備をすればよいのであって、工場誘致をやめるという前提に立つ共同調査ならばその必要を認めない」と断言したので話し合いは物別れとなってしまった。

しかし、市政記者団の取り成しで、水族擁護同盟会も共同調査に参加することにしたが、期成同盟側が水族擁護同盟会と全然打合わせをせず、一方的に三月二十二日夕出発、打合わせは同日午後一時吉田駅階上、同行記者団の費用は期成同盟会が全額負担と決定通知したので、水族擁護同盟会はこのような一方的独断、軽率な準備では責任ある調査はできないと調査団への参加を拒否した。したがって、期成同盟会代表と記者団代表は予定通り滋賀、岡山、広島県の人絹工場視察のため出発していった。

この調査団は、二十七日夕方豊橋に帰った。そして、次の調査結論を発表した。

「完全なる浄化設備を施せば水族その他におよぼす影響は憂うるに足らぬ。工場建設の暁（あかつき）には会社に対して浄化設備の完備を強調して、反対者に迷惑をおよぼさないように努力することになった。」（大朝*）

この発表に対し、水族擁護同盟会は「有害の裏書きだ」と次のように反駁し、水かけ論は平行線をたどることになった。

「会社に対し浄化設備の完璧を強調して水産業者におよぼす被害

大朝
大阪朝日新聞

を防止することに努力しようなどとは有害の事実を裏書し、我らの説を肯定したものである」（大朝）

反対祈願デモ

「遂(つい)に神仏の加護を祈る　きのう水産業者の二千名　石巻神社*へ祈願」の見出しが、三月九日の名古屋新聞に見られる。

「ことここに至れば最早神仏の加護にまつ外なしとして八日午前八時より水産業者二千名が豊橋市高須町専願寺へ集合長蛇、石巻山に行進して石巻神社の社前にひざまづき目的の貫徹するよう神に祈りをささげるようになった」(名古屋新聞)

(牟)……豊橋警察から注意があり、取締りがきついので集団行動は取らないよう申し合わせ、三々五々出発し、午後五時半頃までに全員帰った。宝飯では二〜三人注意を受けたものもあった。今日の漁民行動が豊橋市民に与えた影響は大きなものがあった。

それ以後の各紙に連日のように水産業者が集団で、石巻神社・田尻の金毘羅さん*(岩田町の琴平神社)・一宮砥鹿神社・牟呂八幡宮などへ祈願

石巻神社

創建時期は不明。孝安天皇(在位・前三九二〜二九一)または推古天皇(在位・五九二〜六二八)の頃ともいわれている。社伝によれば、源頼朝が参拝し、神領百貫が寄進されたという。永正年間(一五〇四〜二一)の今橋城(後の吉田城)築城以来、その鬼門鎮守と崇められ、領内一円の祈願所となり、吉田藩主による社殿の造営や修復がなされた。旱魃(かんばつ)や大雨、その時々の祈願が行われた。

戦時には武運長久を祈願した。

田尻の金毘羅さん

田尻村(現岩田校区)源立寺の鎮守として金毘羅神を勧

デモを行った記事が見られる。三月十三日の名古屋新聞には

「十二日は東風強く吹きつけ降る雨は冷たかったが、同盟会二千余名は午前十時頃から三々五々隊をくんで豊橋市東の石巻山石巻神社に赴き人毛工場誘致反対の目的達成を神かけて祈ったが、三里、五里の道を遠しとせず、祈願に赴く姿は強風雨にさらされて涙ぐましいものがあった」

と記されている。雨に濡れる農漁民の大集団の姿は、彼らの人毛工場反対に対する決意の表明として、市民に強く訴えるものがあったのだろう。

この年はノリがよく採れた年で、仕事も忙しかったが、毎日のように反対祈願デモに交代で出、出た人の仕事は出ない人が助けてやった。そして、精力的に祈願デモが行われた。四月二十五日の参陽新報に「人毛反対祈願でお賽銭八百円、田尻金比羅大ホクホク」として、「水産業者のそれだけで何と驚くなかれ金八百円也、一年分位をまたたく間に稼いでしまった。この金比羅さま、果たして農漁民の祈願をかなえるや否や興味ある話題を投げている。」と伝えている。

これらの反対祈願デモで、気勢をあげるために「人毛反対闘争歌」が歌

請。明治の神仏分離によって、源立寺より独立。社名を琴平神社と改めた。

航海の守護神、水難を防ぐ神として漁師・船員の信仰を集め、水に関係があるということから、水商売の人々の信仰もあつかった。江戸後期から昭和の初め頃までは、三河・遠江・駿河あたりまで多くの参拝者を集めた。

われた。一高寮歌の替え歌で、小柳清の作詞になるものである。

人毛反対闘争歌

詩　小柳　清

曲　第一高等学校寮歌*

一、ああ、吾々の生活を
　根底から破壊する
人毛工場の設置には
　吾らは絶対反対だ
いかなる犠牲をはらうとも
　これを建たしてなるものか

二、硫酸　塩酸　漂白粉
　苛性ソーダを数千貫
昼夜休まず豊川に
　流すは二十五万石
いかなる浄化をいたすとも
　漁場の荒廃目のあたり

三月十四日「喫煙室」
石巻山参拝の与えた影響

…誰が考えた作戦かは知らないが、何もわきまえない子どもに物乞いさせる光景を思い出させる。人毛工場の設置が、三河湾漁業者の生命を奪いさるであろうとの憂慮が、この石巻山参拝となって現れたに違いない。そう信じることの愚かさはいうまでもないが、そう信じ込ませた人の責任は実に重いといわなくてはならない。

…中略…

大多数の幸福のためには、少数者の生業が奪われてもいいということは出来ない。しかし、小の虫を殺しても、なお大の虫を生かさねばならないことも知らねばならない。

…中略…

三、琵琶湖湖畔にそびえ建つ
三井財閥経営の
東洋レーヨン会社では
七十万の浄化費を
使いて浄化いたすとも
魚類、シジミは全滅す

四、七万石の処理場へ
三十万石押し流す
日本一のこの施設
英国式の機能でも
これで浄化がなるものか
インチキ市政ブッ倒せ

五、百有余年の昔より
吾らの祖先が運上を
納めて守りしこの宝庫
今むざむざと破壊され
吾らはいかなる顔もちて
先祖の墓にまみゆるか

六、六条潟の荒波に
鍛えしこのかいな
いかなる弾圧あろうとも
吾ら再び叫ぶなり
あらゆる犠牲をはらうとも
これを建たしてなるものか

仮に一歩譲って人毛工場の設置が水産業に有害であるとしても、それでも私は大多数の幸福と豊橋市の工業的飛躍のために人毛工場の設置に反対することはできない。もちろん、水産業者が必死になって反対運動に狂奔(きょうほん)することを否定するものではない。…

（原文一六九頁）

第一高等学校
東京大学教養学部の前身となった旧高等学校。「旧制一高」とも呼ばれる。

第二の工場候補地小向町

激しい人毛反対運動で高須町の人毛工場候補地の買収工作が、二月中旬から暗礁に乗り上げ、市当局は次の候補地として神野新田か小向町の二ヶ所のうち、そのいずれかに決定する段取りにして会社と話し合ってきた。

小向町の吉田方・新田・菰口の三耕地整理組合*は代議員会を三月九日吉田方小学校において開き「もし人毛会社が敷地提供を正式に交渉してきた場合は、相当の価格で売りに応ずること」と、二、三の反対を押し切って決定し、積極的に売りこむことにした。そこで、会社側は、水運、鉄道その他の便を考えて小向町を選ぶことに決定して、四月五日早朝市当局に連絡した。

この通知を受けた吉田方・新田・菰口の三耕地整理組合は、五日午後一時から松葉小学校で評議員会を開き十万坪の工場敷地買収に応ずることを決定した。参陽新報によると

「総会は開かずに評議員で代決、委任状で売却を強行」の見出しで、

耕地整理組合

明治三十二年、交換分合と区画整理を目的とした「耕地整理法」が制定された。

一部事業不同意者に対する強制加入を規定し、計画地域の土地所有者の人数、面積、地価の三分の二以上の同意があれば、不同意者を含めその地域について工事を強行できるようになった。それに基づいた組織を「耕地整理組合」という。

その後、改正はされるが、戦後農地改革後の社会情勢に対応した新しい土地改良事業体制を整える立法として「土地改良法」が制定された。その後改正を経て現在の「土地改良区」ができ事業が行われている。

(例)前芝　豊橋北西部土地改良区　前芝工区

「一般組合員間には依然これが売却に反対し役員の処置に憤慨（ふんがい）している者多く、敷地売却手続きが順調に行くかどうかはなお問題として残されている」

として幹部の独断をほのめかしている。

四月中旬になると、三耕地整理組合の代議員や一般地主の評議員会に対する反感が強まり、代議員が辞職したり、反対組合員と一緒になってたびたび県へ、「三月九日の代議員会の決定は違法であるから取締まられたい」と陳情している。

五月一日の参陽新報によると、

「三耕地整理組合が三月九日の吉田方小学校、四月五日の松葉小学校における役員会の申し合わせをもって正式決定を見たと発表し工場敷地は確定した如く宣伝されたが、右処置は耕地整理法を無視したものとして遂に県当局より注意がきたので、さすがの組合長等もこのままでは押し切れなくなり問題は白紙に還元するに至った」

とされ、組合幹部は陣容を立て直し敷地の提供を急ぐことになった。

四月七日　新朝報
買収地価は坪当たり三円

三耕地整理組合の買収に応ずる価格は一坪三円とあって、会社負担一円、豊橋市の補助負担一円、残りの一円は三耕地整理組合において負担するものである。

人毛問題

耕整法違法云々
大林和助氏召喚さる
きのふ縣耕整課で取調

豊橋市小向町に決定したと傳へられる日本人造羊毛敷地は吉田方、新田、瓶口三耕地整理組合の内部に猛烈な反對運動が起り、三月九日吉田方小學校に於ける代議員會の申し合を以て十萬坪の組合地を處分する事は違法であり賣買價格坪二圓にも異議ありとして役員間にも反對論が起り縣當局に陳情すると共に組合首腦部の處置を不當として異議の申し立てをなすなど事態は益々紛糾してゐるが愛知縣當局としても監督の責任上捨て置かれずとなし昨十一組合の責任者大林和助氏に出頭を命じて今日までの經過を聽取するところあり人毛敷地問題は今日尚宙に迷つてゐる形である。

4月12日　参陽新報

「女は女連れ」のお願い

三月に入ると、人毛工場敷地の第二の候補地として小向町が脚光を浴びてきた。東三水族擁護同盟会では、連日のように小向町の地主を戸別に訪問して、嘆願書を配布して土地を売却しないよう懇願した。ついには、妻や娘を動員して、女は女連れで小向町の地主の奥様連に、次のような嘆願書を手渡し、賛成派地主の切りくずし作戦を展開した。

お願いします

御承知のことと存じますが水族に害がある人毛会社工場が小向付近にたちますとのこと、それが私共漁民にとりましては大きな大きな死活問題なのでございますから、小向町に工場ができると思いますと、ちかごろはご飯もろくろくおいしくたべられず、まして可愛い可愛い子供らの顔を見れば一段とかなしさに胸もふさがるばかり、

四月二十六日　名古屋新聞
豊橋市から三耕整へ
保証金一万円手交

必死の豊橋市は、工場建設助成費に三十三万五千円を決定したので二十五日、吉田方、新田、菰口の耕地整理組合へ地上作物の保証金及びその準備金として金一万円を手交した。したがって耕地整理組合では地主が受け取らねば豊橋市供託局へその保証金を供託して、地上作物を撤収し予定通り工事を進めることになっているが、……反対運動に火を注ぐことになりはしないかと見られている。

ただただ神様や仏様に毎日毎日おすがりしています。

神様や仏様に御まいりしていますが、女は女連れ、この上は御なさけ深き貴女様の御胸にとりすがり御願いするより致し方ございません。

どうぞどうぞ人毛工場敷地を会社が要求して来た場合には、要求を御とり上げ下さいません様に、貴女様の最も御信頼なさっていらっしゃいます旦那様にくれぐれも御願いいたして下さいます様に御願いいたします。

わたしらにとりては一大問題なのでございますから、勝手なこと御いかりなく、かわいそうな漁民の心中を御あわれみ下さいませ。

私共にも親もあり子もあり夫もあり、その上今日あすの生活のかてを毎日苦辛（くしん）して海からかせぎ出さなくてはならぬのでございます。

なにとぞあなた様の御なさけで私達一同が一日も早く、以前の通り明るい心持ちで働くことが出来るようにして下さいませ。

幾重にもいく重にも奥様方に御願いいたします。

かしこ

加藤会長に買収工作

現在の当主、加藤隆章氏がお爺さんから伝え聞いた話として、「ある日、当局の有力者が尋ねてきた。金らしき物を前に置き、反対運動から降りてくれと頼まれた。買収である。爺さんは、何を馬鹿げたことをとっとと帰れと一喝して返した。」と語ってくれた。

反対運動の組織力と激しい運動に手を焼いた当局は、組織の切り崩しに買収工作の手に出た。当時は常套的な手段であったのであろう。

昭和九年三月廿八日

御慈悲深き
奥様方へ

三河湾沿岸
漁業者妻女一同
より

御願ひいたします

御承知のこと丶存じますが水族に害がある人
毛會社工場が小向町附近にたちますとのこと
それが私共漁民にとりましては大きな〳〵死
活問題なのでございますから小向町に工場が
できると思ひますと、ちかごろはご飯もろく
ろくおいしくたべられす、まして可愛い〳〵
子供らの顔を見れば一段とかなしさに[illegible]ふ
さがるばかり、たゞ〳〵神様におすがりしてゐるのでございます。
神様、かせぎ出さなくてはならぬので私達一同が一心持で働くこと
なにとぞあなた様の御なさけで以前の通り明るい心持で働くことが
出来るやうにして下さいませ。
日も早く、以前の通りにして下さいませ。
幾重にもいく重にも奥様方に御願ひいたしま
す。

かしこ

昭和九年三月廿八日

三河灣沿岸
漁業者妻女一同
より

御慈悲深き
奥様方へ

漁民の妻や娘が、小向町の地主の奥様連に配布した嘆願の手紙

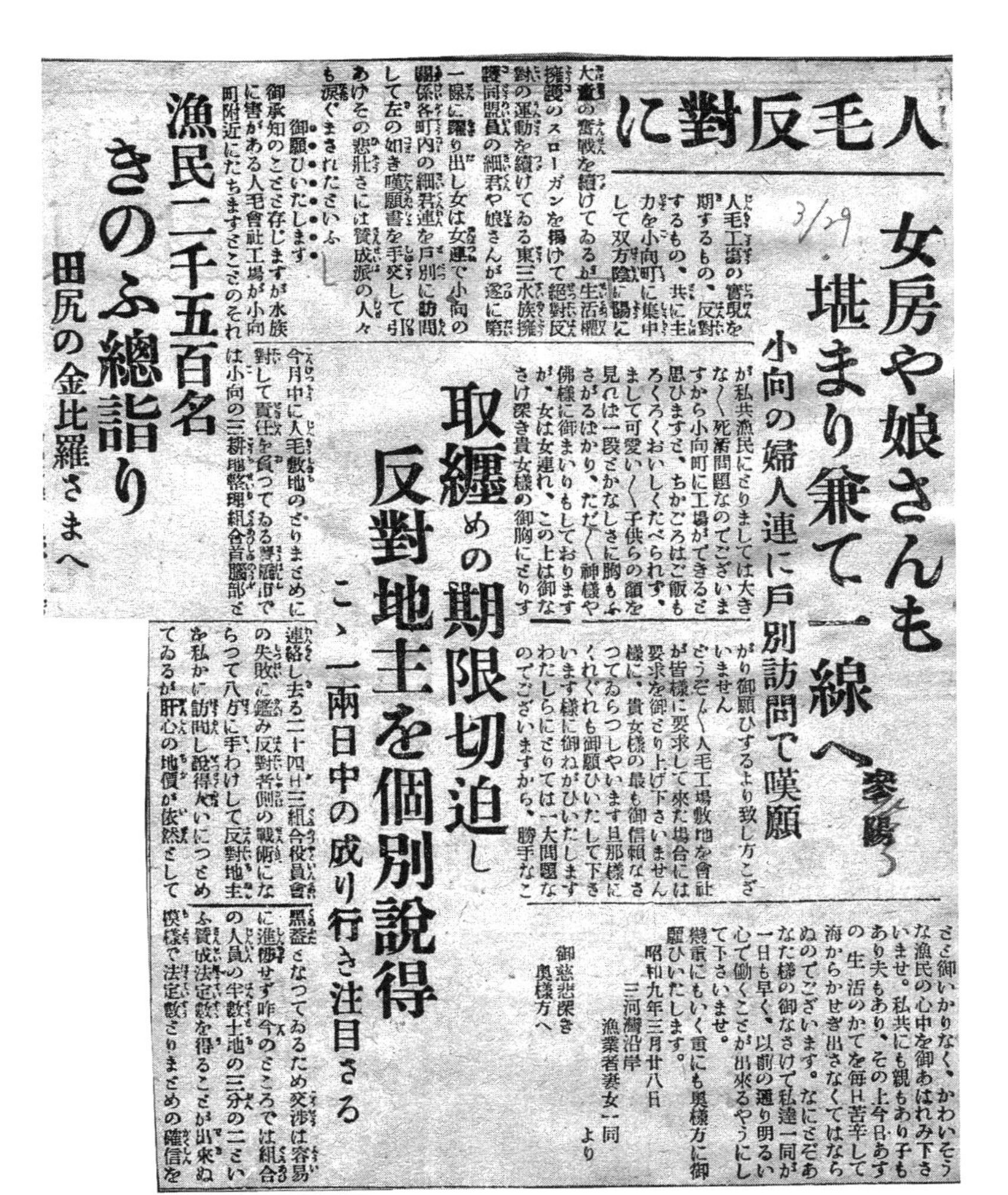

人毛反對に 女房や娘さんも 堪まり兼て一線へ

小向の婦人連に戸別訪問で嘆願

（参陽）3/29

人毛工場の實現を期するもの、反對するもの、共に主力を小向町に集中して双方陰に陽に大童の奮戦を續けてゐるが生活擁護のスローガンを掲げて絶對反對の運動を續けてゐる東三水族擁護同盟員の細君や娘さんが遂に第一線に躍り出し女は女連で小向の關係各町内の細君連を戸別に訪問して左の如き嘆願書を手交して引あげその悲壮さには賛成派の人々も涙ぐまされたといふ

御願ひいたします

御承知のことゝ存じますが水族に害がある人毛會社工場が小向町附近にたちますとこのそれが私共漁民にとりましては大きな〳〵死活問題なのでございますから小向町に工場ができると思ひますと、ちかごろはご飯もろく〳〵おいしくたべられず、まして可愛い〳〵子供らの顔を見れば一段とかなしさに胸もふさがるばかり、ただ〳〵神様や佛様に御まいりもしておりますが、女は女連れ、この上は御なさけ深き貴女様の御胸にとりすがり御願ひするより致し方ございません

どうぞ〳〵人毛工場敷地を會社が皆様に要求して來た場合には要求を御とり上げ下さいませんやう貴女様の最も御信頼なさつてゐらつしやいます旦那様にくれぐれも御願ひいたして下さいます樣に御ねがひいたしますわたしらにとりては一大問題なのでございますから、勝手なことゝ御いかりなく、かわいそうな漁民の心中を御あはれみ下さいませ。私共にも親もあり子もあり夫もあり、その上今日あすの生活のかてを毎日苦辛して海からかせぎ出さなくてはならぬのでございます。なにとぞあなた樣の御なさけで私達一同が一日も早く、以前の通り明るい心で働くことが出來るやうにして下さいませ。幾重にもいく重にも奥様方に御願ひいたします。

昭和九年三月廿八日

三河灣沿岸漁業者妻女一同より

御慈悲深き奥様方へ

取纏めの期限切迫し 反對地主を個別説得

こゝ一両日中の成り行き注目さる

今月中に人毛敷地のとりまとめに對して責任を負つてゐる豊橋市では小向の三耕地整理組合首腦部と連絡し去る二十四日三組合役員會の失敗に鑑み反對者側の戦術にならつて八方に手わけして反對地主を私かに訪問し説得大いにつとめてゐるが肝心の地價が依然として黒蓋となつてゐるため交渉は容易に進捗せず昨今のところでは組合の人員の半數土地の三分の二といふ賛成法定數を得ることが出來ぬ模樣で法定數とりまとめの確信を

漁民二千五百名 きのふ總詣り

田尻の金比羅さまへ

3月29日　参陽新報

一坪地主の作戦成功

これよりさき、東三水族擁護同盟会所属の宝飯の水産業者、山内常吉、中西源次、小柳清、石原英二、小林利衛らは、小向町の工場敷地予定地内に約一町歩の土地を、漁業組合の豊かな運動資金で買い取り、登記手続きも完了している。これは、工場敷地問題で彼らが耕地整理組合での発言権を求めるためであった。この反対派の作戦は四月三十日に実行された。

そのようすを新朝報は次のように報じている。

「大林和助氏(吉田方耕地整理組合長)議長席に着いて開議を宣するや水族擁護同盟の闘士小林利衛氏から大林和助氏の不信任案を提出、大林組合長はそれを取り合わず会議を進めんとしたところ、反対側が騒ぎ立て仮議長として北河小三次氏(前芝・北河登氏の義父)を押し立て議長席を占領するという騒ぎを演出したので、大林氏散会を宣して引き上げ、それに続いて組合員約三十名が退席したが、残留組はそれに構わず北河氏を議長として会議を続行し、組合

五月一日　参陽新報

地元の農民衆が作付け問題を騒ぎ出す「違法の禁止だ」と構わず作付け

……気の早い組合員はどしどし作付けをすることとなり作付けが遅れて損害を受けた場合は、組合長に損害賠償を要求すると申し合わせている。

五月二日「喫煙室」

人毛工場敷地最後の工作

小向町における人毛工場敷地問題は、仮交付を通告するばかりの段取りになっていながら、その最後の一瞬において、重大なる危機に陥った。新田組合が、今日改めて組合会を招集しても、また吉田方組合が対策を講じたとしても、恐らく小向町における人毛工場

長に戸澤米太郎氏副組合長に渡辺安太郎、小林長次郎両氏を北河氏から指名し…。」

反対派のこの総会での非常手段は妥当かどうか問題であろうが、小向町の敷地問題はいよいよ困難になってきた。

ついに、五月六日、三耕地整理組合は評議員会を開き、多数の反対者を押し切っての誘致を断念、敷地の取りまとめができないことを市に通告した。ここに工場候補地は、第一、第二の候補地も失敗し、第三の候補地として、神野新田か柳生川沿岸へと運動が進められていった。

一年間の人毛騒動をしていてもっとも効果があったことは今もなお猛烈な反対運動が行われている成田空港の「一坪地主」であった。私たちはすでに四十六年前にこれを実行した。

『わたしの来た道』より

敷地提供は断念しなければならないことになりはしないか。……今回の危機は、東三水族擁護同盟における作戦の成功というより、吉田方、新田両組合主脳部の失敗という方が当たっている。三月九日における関係組合の決議が違法であるかないか、あるいはまた、組合規約を変更しなければならないものであるかないか、それらの点について、私は法的な知識に欠けているために、自らの知識をもって判断することはできなかった。ただ組合主脳部が、本県耕地整理課と、よく打ち合わせを行い、慎重な研究の結果として行われたことなので、私は組合主脳部のいわゆる確信を深く信じたのであった。その点今日に

神野本家への陳情

　豊橋市は、工場誘致第二の候補地小向町の土地買収も反対者多数のため失敗した。人毛会社は、今もって敷地が決まらないので、早く土地買収が決定しないと他の都市へ変更する考えを持つようになった。豊橋市は、よそへ行かれては大変と、早急に買収を決定しないといけないので市内各地を物色し、目をつけたのが神野新田であった。

　神野新田は約一千町歩の広大な農地であり、所有者は名古屋財界の大御所神野金之助である。市は、この新田の地主神野金之助一人が承諾すれば、ただちに買収が決定し、工場を建設できるというので目をつけたようである。

　この情報を耳にした東三水族擁護同盟会では、緊急役員会を開き対策を協議した。その時の多くの役員の意見は「ただちに漁民を動員して豊橋市広小路にある神野三郎*氏宅に乗り込んで、神野新田の土地を人毛会社へ売らないよう大衆デモをやれ」ということであった。しかし、同盟会の影の参謀長で、この反対運動の事実上の指導者である加藤六蔵会長の

いたれば自らの不明を恥じるのみである。……

（原文一七〇頁）

神野三郎
神野金之助の養子
豊橋商工会議所会頭

工場候補地
柳生川流域と二回新田養魚場

実弟、加藤礼吉の
「それはいけない。最初から大衆運動はだめである。* まず代表者数名が行って、漁民の苦衷をよく訴えて理解してもらうようにした方がよい。神野さんは、新田のもの(当時の小作人)のいうことはよく聞いてもらえるので、神野新田の小作人の代表者数名を先頭にお願いに行った方がよい。」

という意見によって、代表者がお願いに行くことに決定した。

そして、五月十五日、同盟会側から岡田文一、小柳清、谷山秋太郎と、神野新田側五名とで広小路の神野三郎氏宅を訪れ、陳情した。神野三郎氏は、

「あの新田の土地は、名古屋の本家の方ですべて管理をしているから、本家へ行ってください。私からも皆さんが来られたことを本家へよく話しておきます。」

とのことであった。

その翌々日、名古屋の本家、神野金之助氏宅へ陳情に出かけた。岡田文一が、

大衆運動はだめ、あくまでも生活擁護運動
激しい闘争で官憲の厳重な取締りはあった。検束者もたくさん出た。しかし起訴されることはなかった。
それは、参謀礼吉が左翼的闘争になることは絶対避け、あくまでも生活擁護のための運動として徹底したからであろう。

五月五日　参陽新報
二回新田の養魚場
埋め立て案が有力候補
一応は売買談が成立している場所
……会社に推薦した二回新田の「神野新田養魚株式会社」の天然養魚池と隣接の養魚池とされているこの案は、小向

「人毛工場ができるとその工場排水によって豊川下流にあるノリ、アサリの漁場が大きな被害を受け、我々三河湾沿岸漁民は生活を脅か（おびや）かされる。話に聞くと、人毛会社は豊橋市を通じて神野新田へ立地したいとのことですが、絶対に土地を売っていただかないよう、神野新田の小作人ともどもお願いにあがりました。」

といって、農漁民の願いを切々と訴えた。これに対し、神野金之助は、

「まだ、豊橋市から土地をわけてくれという話はない。しかしそういう話があれば、私としては新田の者が反対であるなら土地の売り渡しはいたしません。」

と、はっきり言明した。お願いに行った農漁民一同、胸をなでおろし、喜んで帰り、委員会に報告した。その後、神野新田への工場立地の正式な話はなく、市は柳生川流域への働きかけに力を入れていった。

採用とともに丸茂市長から神野三郎氏に一応断ってはあった。神野氏は「養魚場をつぶすのだから小作には迷惑をかけぬ」という建前のもとに一旦売却内諾を与えており、…
神戸小三郎氏などが「磯辺」の県会議員大竹藤知氏を訪問し埋め立て用地として、「磯辺」の崖地売却斡旋を依頼する話まで進んでいた。しかし大竹氏ははっきりとは引き受けてはおらず、地元で同所を耕地整理組合で住宅にするという話もあり埋め立て問題は相当困難がともなうと予想されている。

本文では、神野家の小作への同情から候補地としてダメになったように記述されてい

検束者でる激しい反対運動

三月十六日の名古屋新聞は、次のように報じている。

「東三水族擁護同盟会一千数百名の漁民が十三日夜大挙して吉川町の市参事会員、吉田方耕地整理組合長大林和助氏宅に押し寄せ窓ガラス其の他を破壊した事件につき豊橋署で豊橋検事局佐藤検事の指揮を仰ぎ首謀者と目される宝飯郡前芝村大字日色野塩野谷森勝(四二)以下九名を現場より検挙……」

また、同日の豊橋大衆新聞も次のように記している。

「昨報の如く東三水族擁護同盟の漁民群は人造羊毛問題渦中の市内名士宅を順次大挙訪問して陳情に努めているが、神野三郎氏宅に押しかけた神社巡回祈願隊の他に各数百人ずつに手わけした別働隊は、一昨十四日午後四時頃市内狭間*町市会議員大場恒次郎氏、市内花田町市会議員山本満平、内山栄次郎、関屋町加藤喜太郎、東田町西脇大塚貞次の各氏宅へ殺到。反対理由を述べて漁民の苦境に諒解を求むべく面会を迫ったが、豊橋署ではそれぞれ警官を配置し

る。しかし、そのような簡単な事ではなかった。市は神野三郎が経営している養殖池を埋め立て、敷地にすべくはたらきかけていた。しかし、養殖池は埋め立て費用や下水処理の問題で立ち消えになった。

狭間町
戦後の都市計画で、駅前大通りができた。「狭間」の町名はなくなり、狭間小学校は松山小学校に統合された。

て鎮撫(ちんぶ)に努め、山本満平氏宅付近では警官隊との間に小競り合いが演じられた結果、小柳某、清水某の両氏が検束された。」

この小柳某は梅藪の小柳清、清水某は日色野の清水庄次郎であり、責任者として検束された。漁民たちは十四日夜豊橋署に殺到、代表者を出して署長に面会し、十三日の夜検束された九名を含む検束者の釈放を交渉した結果、清水庄次郎を除く全員が釈放されることになり、漁民たちは凱歌(がいか)をあげて解散した。検束者は翌十五日朝釈放されたが、多くの検束者を出すほど、激しい大衆行動が展開された。さらに、四月七日にも数名の前芝の漁民が検束されるほど過熱し、四月八日の新朝報は次のように報じている。

「前芝側は最後的手段として七日午前八百名の老若男女を動員して示威運動をかねて岩田町の金比羅詣りを敢行、最後の祈願をこめた。その帰途、一行は花田町の山本満平氏(市会議員で人毛誘致発起人の中心人物)方に殺到して、面会を強要したので、遂に数名の同盟員は豊橋署に検束されるにいたった。」

小柳清は当時のことを東海日日新聞(五十六年二月二十五日『わたし

人毛反対運動の闘士
小柳 清(梅藪)当時25歳頃

の来た道』）に次のように語っている。

漁民千五百人を連れて人毛賛成派の旗頭だった豊橋市花田町の山本満平さんの家へ乗り込んだ。その時、まず電話室を占領して警察への連絡を遮断した。ところが、いつの間にか山本さんの奥さんがいなくなったので、おかしいなと思っていたら、隣の家へ行って警察へ電話をかけていた。

その時、アゴヒモをかけた警官隊が五台のトラックに乗ってやってくるという情報が入ったので、次の目標の大林和助さんの家へ行けといって、すぐさま漁民を解散させた。ところが漁民の中に五、六人酒に酔っぱらったのがいて、いくら解散せよといっても出ていかん。何とか早くずり出そうと思っているところへ、警官がどっと駆けつけてきた。そして「君が小柳か」と聞くので、「ああ、そうだ」と答えたら「ちょっと本署まできてくれ」といって警察署の乗用車に乗せられた。これが検束だということを私は始めて知ったわけだ。

城海津の踏み切りを渡ろうとすると、ちょうど遮断機がおりた。そこへ我らの同志中西源次君が通りかかって「なんだ小柳君乗用車に

豊橋警察署　『三州豊橋』より
写真提供：豊橋市美術博物館

乗ってしゃれているではないか」と冷やかした。「それどころではない、僕は検束くって今から警察へ引っぱられていくところだ。大至急加藤六蔵さんのところへ知らせてもらい下げに来てくれるように言ってくれ。」と頼んだ。

中西君がびっくりして、前芝村大字前芝の蛤珠庵にあった東三水族擁護同盟の本部へ飛んでいった。そして各組合とも組合員に非常招集をかけて「小柳を取り返せ」ということになった。

そのうちに日が暮れてきて薄暗い町の中からウワーッという喚声が起こった。なんだろうと思ってみると、非常招集で集まった二千人の漁民が豊橋警察署へ乗り込んで来たわけだ。昔の豊橋警察署の前は、いまのように道路が広くないから、電車は止まるし、人も通れない。ヤジ馬はいっぱい来るというわけでごたごたになってしまった。警察官が警備に出て「帰れ」というがなかなか帰らない。私の同志で前芝の石原英二君(石原秀哲氏の祖父)が、本署の二階の窓を開けて「漁民の諸君、小柳を返してもらうまでは絶対動くな。みんながんばれ。」とドエライ声でアジ演説をやった。いま考えて

三月十六日「喫煙室」
事態の悪化の統制部の責任

…昔から大衆運動が、司法権の発動を必要とする状態にまで激化して、なおかつその目的を達成することができた例は少ない。多くの場合においては、大衆運動に司法権の発動を必要とするにいたった時、その運動は本来の目的と相反した方面へ向かうのが常である。このことは大衆運動をリードするものが常に心がけねばならない基礎的条件で、その統制が失われた時こそ、その運動の失敗は決定的となる。

東三水族擁護同盟、今回の事態は、すでにその最後の一線に到達したものといえる。人毛工場設置反対運動の指導

みると、ようこんなことをやったと思う。

　そこへ、加藤六蔵さんが駆けつけて、「すぐに小柳を返せ。今晩大崎の反対演説会へ行くことになっているから、小柳を返してもらわないと困る。」「それじゃあ、小柳だけ返す。」ということになって私が返された。その頃漁民はみんな馬見塚の専願寺へ引き上げて待機していたが、私が行くとかがり火をどんどん焚いて、まるで凱旋将軍でも迎えるようだった。本堂へ立って「みなさん、ご苦労さんでした。小柳は無事こうやって帰ってきました。」と挨拶した。

　漁民たちのこうした激しい大衆行動は、「警察当局極度に緊張厳戒」*（大衆新聞）「悪性な反対運動には官憲の厳重な取締り」（豊橋新報）などの見出しが当時の新聞に見られるように、警察を緊張させた。そして、警察は万一を予想して、豊橋市内の人毛工場誘致派の各有力者私宅や、市役所などに警備の警官を配置して厳重取締りを行っていた。したがって、各所で漁民との間に衝突がみられた。

　警官隊と衝突して検束された、前芝の塩野谷市郎は、
　大林和助市議の家へ乗り込んだ時、私も三十一、二歳の若さだったの

部は、ここにおいて事態の成り行きに対し慎重な考察と、その運動方法に対して徹底的検討を加える必要がある。それなくして、事態の成り行きに任せるならば、いかなる不祥事に、三河湾漁業者を直面させるかもしれないのである。しかもまた漁業者自らは冷静に自己の立場と問題の本質を考えねばならない。

（原文一七〇頁）

四月八日　大衆新聞
警察当局極度に緊張警戒
　……田尻町金比羅神社に目的貫徹の祈願を行い社前において中西委員は「敷地買収は大体決定した如く取りざたされているが、我々はあくまで初志を捨てず合法的反対運動

でやりがけやった。向こうから来た巡査のサーベルを引き取って、へし折っちゃったこともあった。

　夜は寒いので酒屋で酒コップ一杯十銭だったのを飲んで、「サアー行くぞ」と景気づけに、専願寺の鐘を思いっきり撞いた。すると巡査に「鐘を撞いたのは誰だ」と言われ、「おれだ」と言ったら、手錠をはめられ綱をつけられて強盗犯のように引っぱられていった。

　そして、四、五日豊橋署にぶち込まれた。寒い時で、毛布五枚くれて、二枚ひいて三枚着て寝るが寒くてしかたがなかった。二日ぐらいして、仲間が面会に来て「腹はへらんか」といったが「腹はへらんが、寒くてかなわん」というと、小林利衛君だったかが「おれのジャケツを着よ」と自分のジャケツを脱いで差し入れてくれた。

　家のノリの仕事は、父親が元気だったので父親に任せっきりで、朝から晩まで反対運動に飛び歩いたものだ。

と、五十年前を思い出していた。


によって反対目的を貫徹することを誓う」と悲壮な演説をなし、両側に垣根を作って厳戒する警官隊百余名に包囲されながら市中を示威行進して散会した。

滋賀県　東洋レーヨン工場排水を有害と判定

六月二十三日、滋賀県瀬田川において、魚類がすべて死亡して浮き上がる事件が起こった。この瀬田川魚類斃死（へいし）事件の起こった地域は、琵琶湖湖畔に建つ旭ベンベルグと東洋レーヨン工場の排水の流入する地域である。この二つの工場は、先に、東三水族擁護同盟会と大豊橋建設期成同盟会がそれぞれ調査団を派遣して被害状況を調べ、その排水は、それぞれ有害、無害であると主張して論争を繰り返していた工場である。

この瀬田川魚類斃死事件を調査していた滋賀県当局は、七月十日、伊藤知事より、東洋レーヨン、旭ベンベルグ両工場の排水が原因であると調査概要を発表した。七月十一日の大阪毎日新聞に所載された調査概要は、

「……当時同河川に有害物質を流したると認めらる、証跡あり、よってこれらの事実を前記魚類の斃死状況並びにその区域等より考察し、今回の事件は水産動植物に対する旭ベンベルグの有害排水に東洋レーヨンの盛越川の有害排水が加わり、両者相寄って今回の結果を招致したるものと認めらる」

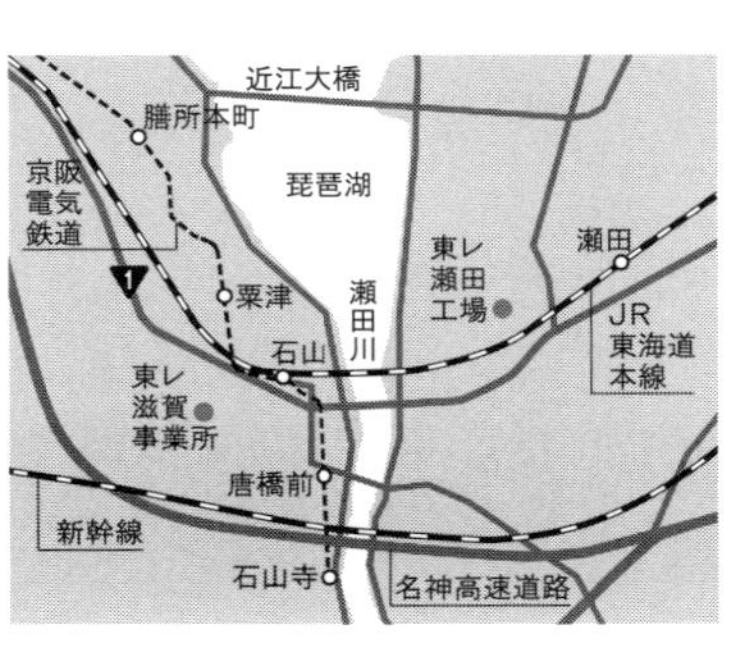

瀬田川付近の地図

と結論をくだしている。そして、両者の代表者を呼び、県の取締り決定事項の実施を命令し、排水の絶対無害を期すよう厳重な警告を与えた。同日の大阪朝日新聞は

「責任を感じて会社側も非常に恐縮、施設不可能の場合は補償か。誠意をもって善処を誓う。」

と報じている。

この滋賀県の発表は、人毛反対派を勇気づけた。そして、十七日にはこれら新聞記事を転載したビラを発行して*反対運動を盛りあげた。

(年)東洋レーヨンの浄化装置は七十万円投資して築造し、経常費用も年十数万円を費やしているにもかかわらず、このような有害な排水をすることを伊藤知事が発表した。知事がこのように明瞭に有害であると発表しているにもかかわらず、今なお浄化設備をすれば無害であると主張する者たちは、神様が有害であると発表しない限り、信用しないつもりだろう。

反対署名
ビラを配布した日、同時に行われていた反対派の署名は一万七千戸にも達した。

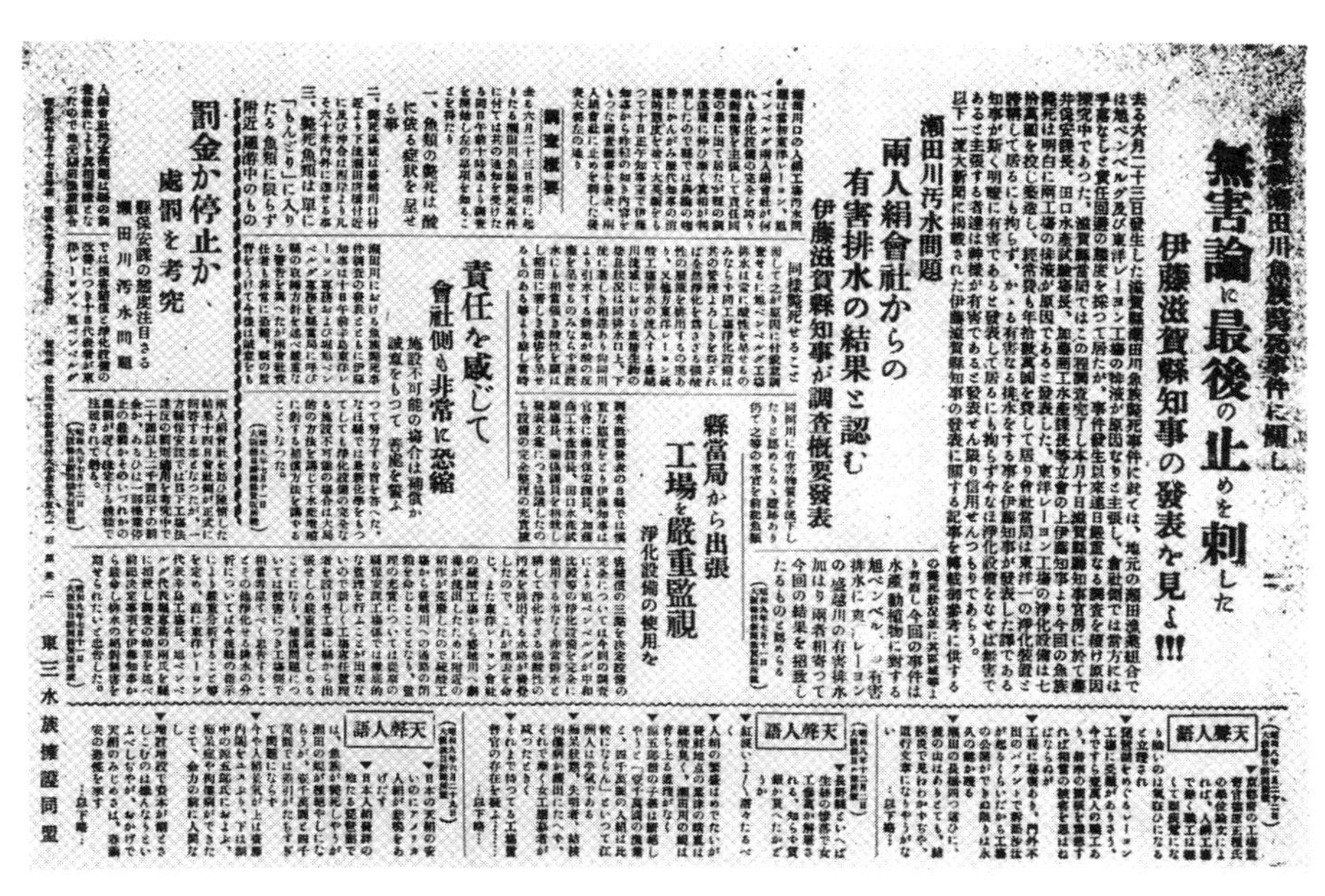

滋賀縣瀬田川魚族斃死事件に關し

無害論に最後の止めを刺した伊藤滋賀縣知事の發表を見よ!!!

去る六月二十三日發生した滋賀縣瀬田川魚族斃死事件に就ては、地元の瀬田漁業組合では旭ベンベルグ及び東洋レーヨン工場の排液が原因なりと主張し、會社側では當方には手落なしと責任回避の態度を採つて居たが、事件發生以來連日慎重なる調査を續け原因探究中であつた、滋賀縣當局ではこの程調査完了し本月十日滋賀縣知事官房に於て藤井保安課長、田口水産試驗場長、加藤商工水産課長等立會の上伊藤知事より今回の魚族斃死は明白に兩工場の排液が原因であると發表した、東洋レーヨン工場の淨化設備は七拾萬圓を投じ竣成し、經常費も年拾數萬圓を發して居り會社當局は東洋一の淨化裝置と誇稱して居るにも拘らず、かゝる有害なる排水をする事を伊藤知事が發表した譯である知事が斯く明瞭に有害であると發表して居るにも拘らず今なほ淨化設備をなせば無害であると主張する者達は神様が有害であると發表せん限り信用せんつもりであらう。以下一流大新聞に掲載された伊藤滋賀縣知事の發表に關する記事を轉載御參考に供する

瀬田川汚水問題 兩人絹會社からの有害排水の結果と認む 伊藤滋賀縣知事が調査概要發表

調査概要

縣當局から出張 工場を嚴重監視 淨化設備の使用を

責任を感じて 會社側も非常に恐縮

罰金か停止か 處罰を考究 縣保安課の態度注目さる 瀬田川汚水問題

天聲人語

天聲人語

天聲人語

東三水族擁護同盟

滋賀県知事が東洋レーヨン工場排水を
有害と判定したことを報じる新聞記事を使用したビラ

115　滋賀県　東洋レーヨン工場排水を有害と判定

七月二十七日　名古屋新聞

歓呼鳴りやまぬ
東三水族の演説会
終始野次や半畳で満場騒然
建設同盟の賛成演説

二十五日　同情感謝演説会が東雲座で厳粛なうちに開かれた。対抗して期成側も同じ日に豊橋劇場で人毛促進市民大会を行った。

しかし、入場者の千五百の内の三分の一は反対漁民で終始野次などで喧騒を極めた。林品次氏の不用意なことばに警官が論旨をかえるように忠告し、それでもおさまらないので、加藤署長自ら臨観席から出て整理する場面があった。

人毛促進市民大会

大豊橋建設期成同盟会は、「人毛工場建設促進」と銘打った豊橋市民大会を、七月十七日夕、七時より曲尺手町の東雲座で開いた。世論を高めることによって人毛工場誘致を成功させようとした。

午後四時頃から、会場を先取りせんとした反対派の漁民、二千名の大群衆が、百余名の警官の警備する東雲座前に集まった。主催者側は反対漁民の殺到にそなえて、あらかじめ賛成派市民を委員という名目で、定刻前に入場させて会場を占領しようとしたので、群集は騒ぎ出し警官隊と小競り合いを演じた。やがて六時、一般市民の入場を許すと、群集が押し寄せた。このようすに主催者側は入場無料の方針を変更して、五銭の入場料を取ることにした。しかし、五銭の入場料で帰る漁民はなく、どんどん押し寄せ、大半が入場できなかった。

午後七時、超満員の中で開会され、河合陸郎、鈴木磯太郎、藤原小平次、林品次、河合孜郎などが次々と立って

「豊橋市は消費都市から産業都市に転換を運命づけられている。この

大豊橋建設期成同盟会による東雲座での
人毛工場建設促進市民大会（昭和９年７月17日）

東雲座
『戦前の豊橋』より

際、人造羊毛工場の実現の成否は大豊橋の興廃の岐路である。」
として、人毛工場の廃液の無害を訴え、人毛工場誘致の必要性を力説した。
しかし、参加者の八割を占める反対漁民の野次や嘲笑で会場は騒然となり、参加者は総立ちとなって、喚声をあげ演説を妨害して、場内は殺気立って演説ができなくなってしまった。主催者側は、これでは、「人毛促進に関する宣言決議案」を提出しても否決となるのは必然であるので、同案を出すことなく、漁民たちの喚声のうちに流会となり、人毛促進市民大会は反対市民の圧力に押し消されてしまった。

このことについて、小柳清や小林利衛は次のように話している。

人毛促進市民大会が開かれるが、この大会を混乱させ、粉砕すべきだとして、私たちの作戦は東雲座の平場のよいところを漁民で占領させ、混乱させることにあった。私と牟呂の岡田文一君の二人が東雲座に行った時はもう満員で座席がないので舞台に座った。次々と人毛工場は無害であるとの演説が行われた。最後に毒舌家で有名な県議の大場恒次郎が人絹工場の視察報告をして、「人絹工場から出る排水が、なんで害があるか。飲めば甘露の味がする。あれを飲めばみ

七月十九日「喫煙室」
「どうでもいい」がよくない

人毛工場建設促進運動も、いよいよ市民大会となり、演説会となり、さらに進んで全市的賛成調印の取りまとめとなって、急速度に進展してきた。そのために、賛否両派の対立はいよいよ激化の傾向をたどるのではないかと思われる。これは決して喜ぶべき傾向ではなく、むしろ悲しむべき傾向である。できることならば、賛成側はそうした大衆運動に訴えることなく、人毛工場建設促進の希望が達成されることを望んでいる。

にもかかわらず、大衆的に進出しなければならなくなった原因は、一つに市民の熱の足らなさにある。市民のほと

んなよく肥える。やせた人は飲みに行け」とまで言った。さらに、「二月のはじめに、山口県岩国の帝国人絹の工場を視察した時、工場の排水口付近の海で、ボラが飛びはねていた。だから被害はない。そこにいる岡田文一も小柳清もよく知っているはずだ」と私たち二人の方を指して言った。そこで「何を」と思って立ち上がったとたん、会場の漁民の中から「バカ野郎、でたらめをいうな」「寒中にボラがはねるか。私うそいうな」「引きずりおろせ」と怒号がわきあがり騒然となった。私と岡田文一君の二人は舞台の上の大場恒次郎を引きずり降ろそうとしたら、警察官十名ぐらいが走り寄って、二人は場外へ担ぎ出されてしまって再び中へ入れてくれなかった。場外から内を見ると、会場は大混乱になり、群衆は総立ちとなり座ぶとんが投げられ、たばこ盆が飛びかい収拾がつかぬ状態となって大会は流会となってしまった。

私たちの作戦が成功したのだ。喚声をあげて喜んだものだ。

参陽新報では、この大会のようすを次のように号外で報じている。

んど全部は人毛工場設置に反対してはいないのだ。東三水族の同情調印が一万二千を突破しようが、あるいは二万に達しようが、そんなことは問題にしなくてもよい。市民のほとんど全部は、特に牟呂耕地整理組合の地主は、人毛工場の設置を望んでいるのである。……　（原文一七一頁）

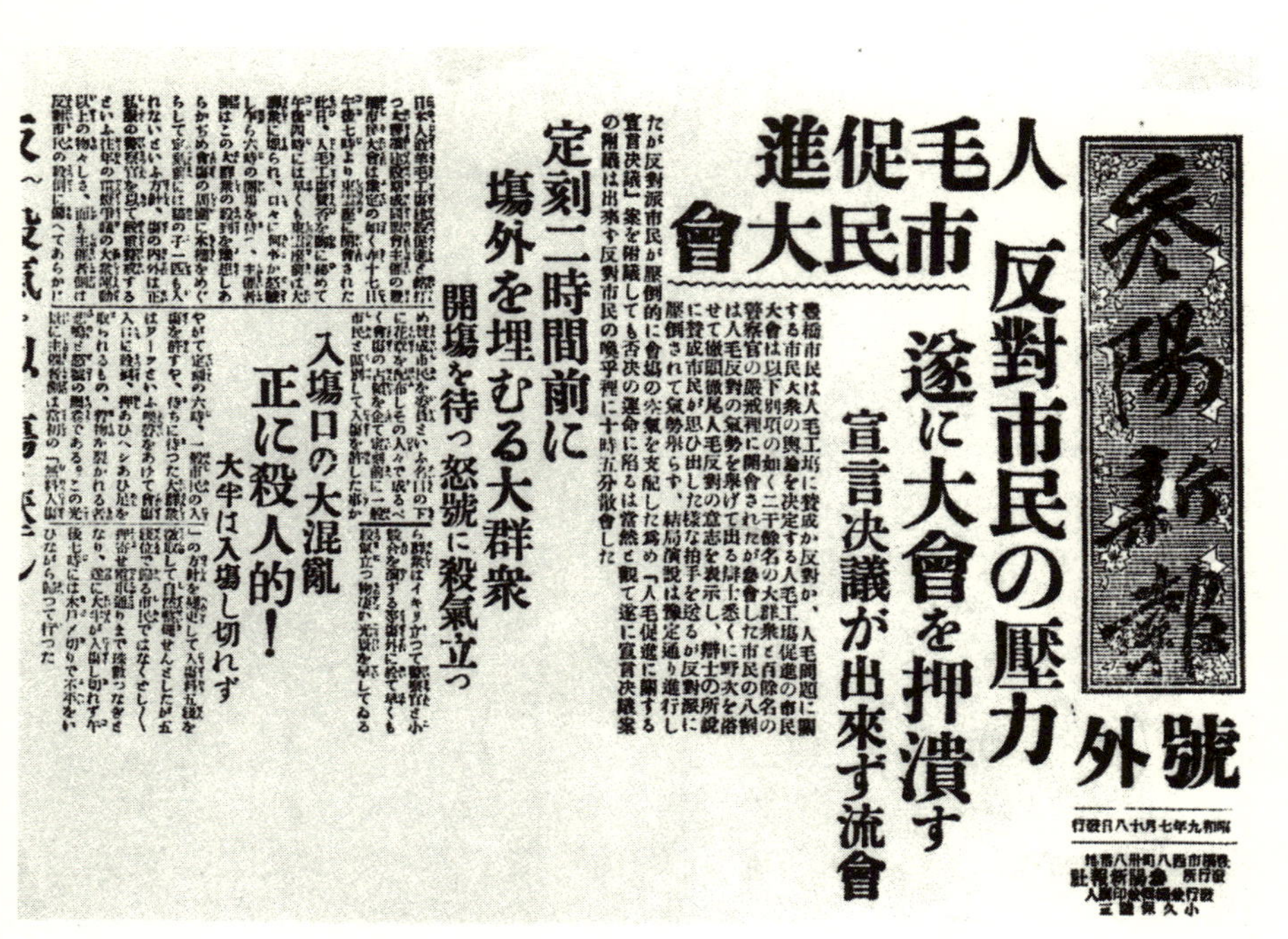

參陽新報 號外

昭和九年七月十八日發行

反對市民の壓力
遂に大會を押潰す
宣言決議が出來ず流會

人毛促進市民大會

豊橋市民は人毛工場に賛成か反對か、人毛問題に關する市民大衆の輿論を決定する人毛工場促進の市民大會は以下別項の如く二千餘名の大群衆と百餘名の警察官の嚴戒裡に開會されたが參會した市民の八割は人毛反對の氣勢を擧げて出る辯士悉くに野次を浴せて徹頭徹尾人毛反對の意志を表示し、辯士の所說に贊成市民が思ひ出した樣な拍手を送るが反對派に壓倒されて氣勢揚らず、結局演說は豫定通り進行したが反對派市民が壓倒的に會場の空氣を支配した爲め「人毛促進に關する宣言決議」案を附議しても否決の運命に陥るは當然と觀て遂に宣言決議案の附議は出來ず反對市民の喚乎裡に十時五分散會した

定刻二時間前に 場外を埋むる大群衆
開場を待つ怒號に殺氣立つ

入場口の大混亂 正に殺人的！
大半は入場し切れず

人毛反対の漁民たちが人毛促進市民大会を押しつぶしたことを報じた参陽新報の号外

七月二十四日「喫煙室」
良心に聴く

この頃毎夜のように、私は人毛工場建設促進の演説会に出ている。したがって人毛問題に没入しているかのように見えるらしい。親しい友達や、いろいろな方面から私は忠告を受けている。政治的に関係のある人々は、私の態度があたかも同志団体の提灯持ちのように見えるからどうだとか、あるいは反対運動の真正面に立つことは賢明な処世方針ではないとか、営利会社の提灯持ちは止した方がよいのではないか、などなどである。

私は、それらの忠告に感謝せずにはおられない。しかし、私は同志団体の提灯持ちのように見えてもかまわない。人

牟呂地区反対派分裂と前芝漁民

宝飯五ケ組合の漁民は一致協力、精力的な反対運動を続けていた。反対集会や反対祈願、デモなどの反対運動に参加した者の漁業の仕事や農作業は、当日の運動に出ない者が手伝い協力した。反対運動に参加を拒む組合員は、漁業権を取り上げると言われており、団結は固かった。

五月
三十一日　人毛候補地が小向町から柳生川畔に変更され、反対闘争の舞台は牟呂地区に移った。
六月
六日　三河湾沿岸の漁民大会を二千名が参加して牟呂、普仙寺において開催。
六日　牟呂町の分裂に苦闘する岡田文一らの反対派救援のため、東三水族擁護同盟会の本部を前芝から牟呂へ移すことを決定し、最後の団結を固めた。
六日　牟呂耕地整理組合、土地換地交付通知を発送。

（牟）**八日**　我が市場町は最初は全員反対で牟呂のどの町より先に進んで反対していたが、昭和九年六月になると、町でも有力な三人の方々が賛成になった。他の人々にも賛成をす

毛工場建設促進運動の本部が、同志クラブに置かれているということを聞かせてくれた人にも、私は同じことを言いたい。もちろん私といえども、それらの経緯について知らないわけはない。が、現在の私にとってそんなことはどうでもよいのだ。何よりもまず工場建設を具体化することが私にとって当面の重要問題なのだ。

それが豊橋市の都市経営の立場からみても、あるいは失業問題解決のためにも、いいことだと思うからである。……

（原文一七二頁）

すめるので、市場町岡田米吉は六月八日午後六時より町総会を開催した。
　だいたい、市場町民がどのくらい漁業に依存しているかというと、

ノリ漁業者　　百三十戸
網取り漁業者
えび流し漁業　　十八舟二人乗り
うなぎ地引網漁業　六舟四人乗り
打たせ網漁業　　七舟七人
角立網漁業　　八人
あぐり網漁業　　二十人
長柄アサリ取漁業　二十二人

であり、以上の如く漁により我々は生きているので、町の最高者三人が賛成しているがどうかと発言すると、町民総立ちになった。人毛は我々の生命を脅かすものだから、反対の立場をとるようにお願いし、なお人毛誘致に賛成の意見を述べる

昭和９年頃の柳生川改修風景
『牟呂史』より

五月二十九日　名古屋新聞
人毛工場どこへ行く
誰も返答できぬ
困惑の色をあらわす山内監査役
賠償不調に終われば　ただではおかぬ会社側
…市では柳生川耕地整理

なら、最後の意見を決定するようにという意見あり。いったん休憩して町三役が使いに行ったが、我々の意見は受け入れられないという返事であった。そこで再度開会をはかったところ、町八分*に決定した。本人への通告はその組長が行った。

第十組　谷山秋太郎はS・J氏に

第十一組　伊藤松右エ門はO・T氏に

第十七組　杉浦徳右エ衛門はS・S氏に

それぞれ通告した。

（牟）総会の翌日六月八日、今後のことを相談の結果、河根要三郎の意見で各字（あざ）婦人会の方々に交代で耕地整理組合長宅に陳情することに決定した。

　婦人会の同意も得たので、午前七時より市場婦人会はじめ、各町婦人会の方々が事務所に集まり、そこから森田組合長宅に行き面会を申し入れた。しかし組合長不在のため、婦人会

組合連合会へむけ、敷地買収に応ずれば

一　県河港課から厳命されている完全な護岸工事も行う。

一　組合の事業負債、二十八万円は共に市へ移管する。

　などの好条件でのぞんでいるが、前田、福岡両組合の賛成に対し牟呂組合の反対で今のところまとまらず、……

　会社では万一豊橋市が買収不調に終われば、仮契約書を楯に二月以来の損害賠償として一ヶ月十万円を請求すると内山重役は語っている。……とにかくただですむ問題ではないことは確実なので市の苦悩は深刻である。

　賠償金については、新聞報道されておらず、請求されな

代表が家族に面会して「私らは漁民であり、また耕地整理組合員であるが、海がなければ生活ができないので耕地整理役員で決定した設計変更（人毛敷地の前提とする五間道路の二本造成など）を取り消してくださるよう、組合長様に申してください」とお願いして解散した。午前十時のことだった。
　これより先、組合長森田甚兵衛氏は人毛工場設置のため、役員会を強行して設計変更をしていた。

六月

十一日　柳生川の予定地にボーリング工事が始められたので、漁業者三千名は馬見塚、専願寺にて大会を開き、三班に別れ市役所、牟呂耕地整理委員宅および大地主宅を訪れ嘆願書を提出した。

十二日　東三水族擁護同盟会、五月三十日の牟呂耕地整理組合の設計変更の決議は無効であるとの異議申請書を県へ提出した。

十四日　同上申請書を農林省へ提出した。

十五日　工事許可申請、県工事課却下。

十六日　牟呂耕地整理組合役員を総辞職させる。

二十五日　杉浦元副組合長を辞職に追い込む。

かったのではないかと思われる。

町八分

　江戸時代以降、村民に規約違反などの行為があった時、全村が申し合わせにより、その家との交際や取引などを断つ私的制裁を「村八分」といった。「町八分」はそこからの造語。二分は火事と葬祭でそれは除く。

柳生川耕地整理組合連合会

　大正六年、柳生川下流を真っすぐにし、堤防を約九十センチ高くしたが、上流部が未改修のため、氾濫の防止に効果が薄かった。そこで、問題解決のために昭和六年五月に前田、福岡、牟呂の三地区が「柳生川耕地整理組合連合会」を組織

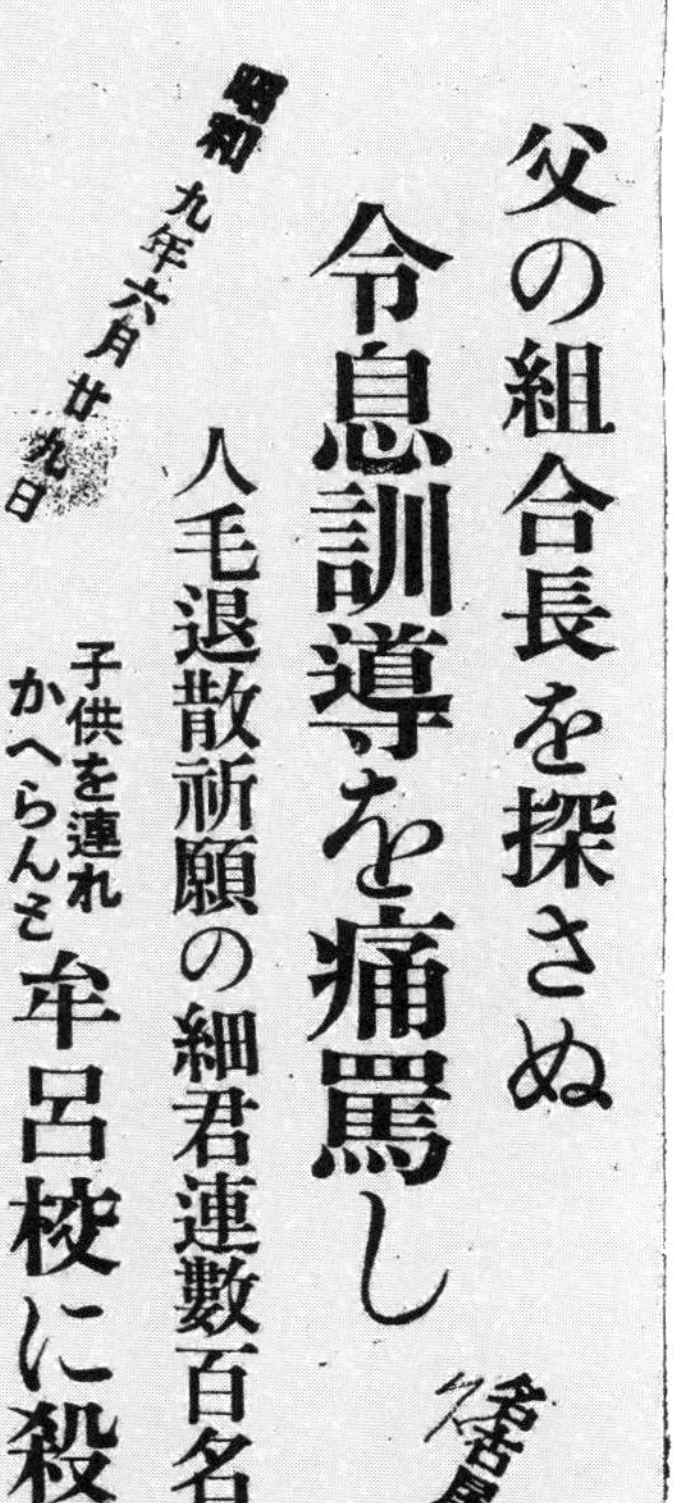

父の組合長を探さぬ
令息訓導を痛罵し
入毛退散祈願の細君連數百名
子供を連れかへらんと 牟呂校に殺到

昭和九年六月廿九日

名古屋

襲ひ寄る不安におのゝきながら牟呂町民の入毛工場斷乎反對祈願は既報の如く日々牟呂八幡社へ繼續され「入毛退散」の祈願幟は早くも社頭をうめて數千本に達したが二十八日早朝婦女子の間に尖鋭果敢な爭鬪繪圖が展開された

即ち二十八日午前七時ごろ牟呂町漁民細君連六百餘名は手に手に幟を携へ八幡神社へ祈願を籠めたのち町民の意思を裏切つて敷地讓渡の工作を施し、しかも自分は行方をくらましてゐる耕地整理組合長森田甚兵方へ押しかけて夫人や牟呂小學校の訓導をしてゐる令息清君に面會、綿綿血をはくやうな陳情をした上「何故父君の所在を探さないのか」と反問したところ、清君から「父の所在など探す必要がない」とブッキラ棒に突き離したので細君連は俄かにいきり立ち「失踪した父を探す必要がない等は不孝者の極致である、そんな思想を抱く訓導に愛兒の教育を託するは危險この上もない、清君に教育されたら成長ののち子供は親を捨てゝしまふ」と口々に絶叫しながら「早く子供を連れ歸らう」と牟呂小學校へ殺到、思ひ〳〵に愛兒を探して連れ戻らうとするところへ校長が出て狂ひ廻る一同を押へ

森田訓導の話を聞いた上、何とか返事するからそれまで待つてくれ

と懇願したので校長の返事あるまで愛兒引取りを保留して一同引下つたが、細君連の感情すらこゝまで尖鋭化してゐては所詮森田訓導の安穩は許されまいと共に勢ひの趨くところ同盟休校までしかねまじき形勢なので關係者連は頗る憂慮してゐる

6月29日　名古屋新聞

した（会長は丸茂豊橋市長）。

しかし柳生川耕地整理組合連合会の事業は、莫大な資金を必要とし、昭和九年頃大きな問題になっていた。そこで連合会役員たち（特に買収用地の大半を占める牟呂地区）はこの地に大工場がくれば、問題も解決すると考えていた。

耕地整理と河川改修により、JR鉄橋より下流を直線にし、川幅も約二十七メートル、水深も干潮時約一、八メートルにして二百トン級の船が航行できるようにした。工事が完了したのは十四年二月であった。

二十八日　分裂した牟呂の岡田文一を主軸とする反対派は、牟呂八幡社に千本幟で祈願。同地婦人会は耕地整理組合長、森田甚兵衛宅を訪問、五ヶ組合も応援した。

七月

十二日　牟呂耕整・三河湾漁業者合同大会を牟呂八幡社で開催。

十五日　約五百名、十六日六百名の漁民が「親愛なる豊橋市民の皆様へ」と題する嘆願書二万五千枚を市内各戸へ配布しつつ、市民の同情を願って回った。この嘆願運動は翌日も続けられた。

―牟呂で流行―

人毛反対の歌〈ヨサコイ節〉

一、人の嫌がる工場を　無理に建てるは豊橋市

二、不利な条件数々を　なぜに市民は黙ってる

三、身の行く末を案じては　漁民の反対無理はない

・・・・・・・・・

七、何にも浄化はせんものに　浄化のできるは学理だけ

八、やがて廃液流るれば　漁民の荒廃目のあたり

九、ここで犠牲をいとうたら　漁場を失う責は誰れ

十、遠き昔と変わらずに　漁場を守れ我が漁民

しかし七月下旬頃から、牟呂耕地整理組合では、反対地主で条件つき賛成に転向しだす者が出てきた。*市当局や大豊橋建設期成同盟会が賛成

賛成に転向した地主

東脇・大西に多数いることが明らかになり、我ら常任委員が調査したところ、牟呂町の上位のくらしの人たちで漁業権があって漁労しないでいる人たちであることがわかった。しかも、豊橋選出の代議士で大口喜六先生の政治結社に加入している同志会の会員であることもわかった。

『人毛騒動記』より

八月三日　参陽新報

丸茂市長　再選反対

殺到する大群衆を迎え、爆発的盛況の市民大会！

超満員木戸締め切りで千余名を返す

「豊橋市政革新同盟」が主催

地主をつかって、反対地主を説得させる運動に出たためであった。牟呂の大西地区では全戸数一〇六戸のうち八〇戸が条件つき賛成派に転向したといわれる（豊橋大衆新聞）。その条件は、浄化設備の完備と、地元民の人毛工場への就職であり、この傾向は他地区へも波及する情勢であった。

　この牟呂地区の足並みの乱れに対して、前芝を中心とする宝飯の漁民は、七月二十六日夜、牟呂耕地整理組合長宅に反対陳情をした。さらに、その夜は徹夜で、翌二十七日未明三時頃より、前芝の漁民数百名は、渡津橋を渡り、牟呂町の大西（おおにし）、東脇（ひがしわき）、外神（とがみ）地区の賛成派へ転向した地主宅を三々五々手分けして押しかけ、「反対運動へ協力されたい」と反省を求めた。しかし、この時、乱暴を働いた者があり、豊橋署員にその現場を認められ、首謀者数名がトラックで拘引（こういん）され豊橋署で取調べを受けた。

　一方、牟呂漁業組合では七月二十八日午前九時、牟呂町中村の普仙寺で臨時総会を開き、漁場を保護するための組合の決議に対して、反対行動をする者は処罰することを決定した。除名されれば組合のもつ漁場での漁業はできなくなり生活権の問題となり紛糾することとなった。

した豊橋市民大会は、八月二日午後七時より東雲座において大盛況のうちに開催された。そして、大会衆満場一致で丸茂市長再選反対の宣言決議を可決した。

宣　言

　考えてみると、隣接町村を合併して地域極めて拡大、人口十五万にならんとする我ら豊橋市民は続く経済不況に生活の苦痛と不安に喘ぎつゝある。

　豊橋市の為政者たるものは、今日の市民生活の現実に即して、施政の方針としなくてはならない。しかし市長丸茂藤平の過去四年間に渡る施政を振り返って見るに、「積極政策」の名の下に施政極めて放漫にして、市債はすでに

（牟）

七月三十一日　「漁業保護に反対する行動を取る者の処罰の件」について臨時総会を開くよう組合長に請求書を提出。

八月四日　臨時総会において、処罰の件が提案され可決決定。処罰委員を各地域から計三十八名を選出。

十五年漁業権停止　二名
十年停止　三十四名
五年停止　十六名
三年停止　二十四名

以上処罰委員により七十六名を決定。総会にて処罰委員長岡田文一が報告することで、処罰委員会を終了した。

八月三日の参陽新報に「転向地主連がまた反対派へ、虚々実々敷地争奪戦」として、次の記事にみられるように大きく揺れ動いていた。

「牟呂漁業組合および人毛反対地主は、必死の嘆願運動によって再び転向地主を反対派に引戻し、既に六十余名の奪還に成功、更に

六百万円にならんとする。しかも社会経済の将来益々不況への一路を宿命付けられた必然性に考慮することなく、為政者として華やかな事業欲に駆られて市民の負担能力に及ぼすのを知らないものと認められる。しかも過去の市政の跡を検討するにその工業政策に、その商業政策にその農業政策に、一つとして見るべきものがなく、わずかに社会施設として二三の事業を数えるといえども……。

もし、眼前の重大問題である工場誘致政策に当たってはその方策を誤り、今や市民間に賛否の闘争を戦わせて円満平和を破壊し、社会不安をさえ作り出していることは罪軽いことではない。

猛運動を続けているが、反対派では結局賛否の色分けは元どおり、人毛反対八割の地主を確保しうると称している」

八月

六日　県当局は同組合に対し、一時執行を見合わせよとの指示を出した。しかし組合側は法令にしたがったもので、違法ではないと反論した。ところが、漁業組合法には、組合員を除名処分はできるが、漁業権停止という規則はないという農林省からの回答で、改めて総会を開き、杉本重左ェ門他二十三名を除名処分にした。

二十二日　除名処分を受けた人々は、連署により愛知県知事に牟呂の漁業組合における違反者処罰の件につき異議書を提出した。

　牟呂耕地整理組合では、先に認可を取り消された組合地の設計変更に関し、八月三日、密かに代議員会を招集。改めて設計変更を可決してしまった。これに対し大多数の地主は、十七名中十三名が辞表を出して受理されているはずなのに、この設計変更は合法的でないとし、異議を申し立てた。

　牟呂耕地整理の敷地取りまとめが完了したというので、市は工場建築の認可申請をしていた。ところが牟呂耕地整理の設計変更は、いったん県が認可したものではあるが、手続き内容に不正の事実を発見したので、ついに、その認可を取り消した。したがって、土地の仮渡し仮交付もそれにともなう仮換え地もすべてが白紙になった。

　今やその任期をあと二十日に控えて、丸茂市長再選の声がある。我らはこれに遺憾とし、ここに豊橋市民大会を開いて丸茂市長の再選に反対する意思を表し、豊橋市長選挙機関、豊橋市会の代表議長閣下にご参考の一助としてこれを陳情せんとし、あえて宣言するものである。

昭和九年八月二日

豊橋市民大会

知事・市長、あいついで交代

人毛賛成派の激しい陳情を受けて、敷地問題に対して、態度を決めかねていた三辺愛知県知事は文部次官に転任することになり、人毛問題の解決は新知事に引き継がれることになった。

八月二十日、篠原新知事が着任した。篠原知事の前任地は人絹工場の盛んな岡山県であり、その方面に対する知識経験も豊富であり、賛否両論に対して厳正な判断を下すには好都合であると期待されて着任した。

篠原新知事着任を機会に、賛成・反対両派は猛運動を展開した。特に任期満了を八月二十九日に控えた丸茂市長は、*残り少ない在任中に人毛問題を解決しようと、さっそく陳情を行った。すなわち、二十日には豊橋市の玉田庶務課長が、次いで二十二日には、丸茂市長が篠原新知事へ挨拶かたがた県庁を訪れた。

一方、反対派も二十一日、着任早々の知事に陳情戦を展開している。さらに、二十七日、東三水族擁護同盟会幹部、地元の牟呂漁業組合役員、三河湾沿岸の各漁業組合の理事などが大挙して県庁へ出向き、午前十時

八月二十三日　名古屋新聞
大衆的陳情準備

敷地候補地である三十五の各漁業組合関係市町村長があいついで同情陳情を行うはずである。また、伊勢、尾張、志摩、西三河など、長い間取引をしているので、これら関係団体代表も続々陳情のため、新知事を訪問する計画である。

丸茂市長退任

丸茂藤平市長は、「大連」(現中国)市長に転出した。満州事変の翌年、昭和七年、清朝最後の皇帝溥儀を執政として「満洲国」建国し、日本が実行支配していた。「大連」は満州国でも中核的都市であった。

から約一時間にわたって知事と懇談した。その席上、

「知事は、会社は工場を建てて事業を遂行するのが目的であるから、かく反対勢力の強い所を避けてはどうか。将来とも円満に行くまいから今一度考慮の必要があろう。市当局としても将来に禍根が残るとすれば慎重再考の余地がありはせぬかと、僕から会社と市当局に対してはっきりいうつもりだ。――と意見の一端を述べていた」（名古屋新聞）

このように知事は慎重な態度をとった。

丸茂市長は、任期中に人毛敷地だけでも解決せねば面目を失すると、二十七日・二十八日の両日にわたり最後の陳情を繰り返し、二十九日には認可の指令に接するものと確信を得て豊橋へ帰った。しかし、丸茂市長最後の努力もむなしく任期中には県当局の裁断は得られなかった。そして、東三水族擁護同盟会など反対派漁民に「竹は八月、木は九月、市長の首は今が切り時」と喝采を叫ばせることになった。

そして、九月三日、神戸小三郎が市長として着任した。

■(年)九月一日、処罰に関するご催促の通知を受け、谷山鯉三

郎以下十二名が県庁へ出かけた。答弁書並びに陳情はこれで最後になるかもしれないと、知事篠原英太郎閣下に面会を申し込んだ。……組合長谷山鯉三郎はいろいろ今回の問題につき陳情した。知事は笑い顔で「皆さんご苦労さんです」と申され「お互いに仲よく漁業をしてください」と言われた。秘書の人に電話で呼ばせ、課長が来るとノリ種養殖*について質問された。組合長が幡豆（はず）郡、知多（ちた）郡、名古屋南部、伊勢方面の出荷が全部で百万株あまり、それにアサリの種貝も大量に県内県外へ移出していることを申し上げたところ、水産課長もこれに対し、間違いないと言われ、知事閣下も非常に満足のようにうなずいていた。

最後に答弁書を差し上げたところ、知事閣下は答弁書を見てただうなずいていた。そして私らに「今後は皆さん、漁業に精出してください」と言い「皆さんご苦労様」と言ってくれたので、組合長以下頭を下げて知事室を出た。その日は最初から知事殿の態度がなごやかでよかったので、私たちは安心

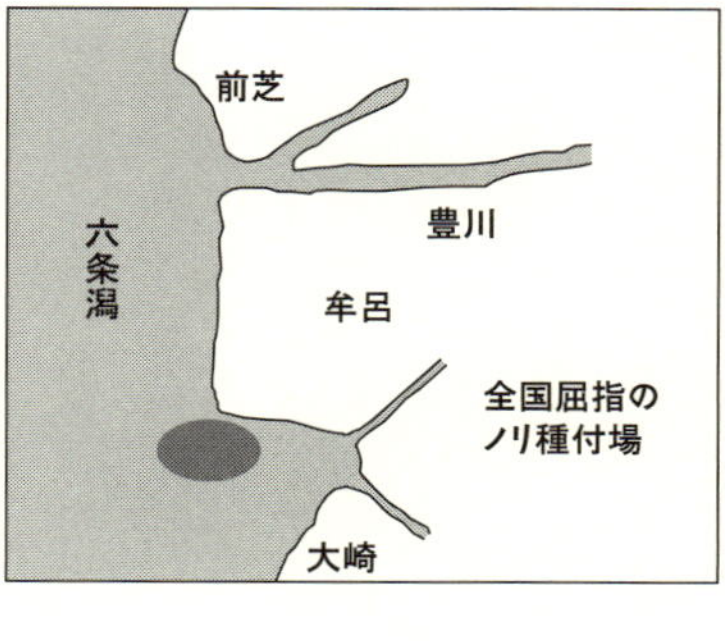

ノリ種養殖の種付け作業

前芝町の若子正氏（九十五歳）は、高等科を卒業した十四歳の頃から種付けノリのもや（粗朶）さし作業に当たったとのことである。

父親が五号の出身であったため、知り合いの神野新田（八軒）の杉浦氏に作業員集めを依頼され、前芝から四人くらい行き作業した。

前芝
豊川
六条潟
牟呂
全国屈指のノリ種付場
大崎

して豊橋へ帰ってきた。そして九月三日には、各町代表の人毛反対委員を召集して、組合長が答弁書並びに知事閣下への陳情などに関するいっさいの事情を報告した。そして、今後も漁場を守るために人毛工場建設に反対することを委員皆さんにお願いして報告を終わった。

133　知事・市長、あいついで交代

もやは十本単位に縛って伊勢湾北部沿岸の鍋田、木曽岬辺りから大船で運ばれてきた。

土方なら一日の日当が八十から九十銭であるが、四円から五円になった。三日くらいの仕事だったがボーナスを得たような気分だった。

牟呂の漁民たちは、種付け時期に組合から種付け場の権利を買い、大きな収益を得た。

激しい陳情合戦

神戸新市長着任二日目に九月四日、漁民二千名、牟呂普仙寺で反対集会を開き代表五十名が石巻神社へ反対祈願を行った。そして、東三水族擁護同盟会加藤会長と谷山牟呂漁協組合長は愛知県庁へ出向き陳情を行う。他の代表は新市長へ陳情を行った。

着任間もない神戸市長も、九月十日・十三日・十四日と連日県知事へ人毛工場認可促進の陳情を行った。そして、十五日には日本人毛会社重役会が開かれ、豊橋の工場敷地問題が協議されるのでその事前工作として上京し、着任早々精力的に活動した。

人毛工場誘致促進派と反対派の漁民代表の両派から陳情攻めにあっている。着任間もない篠原県知事は慎重な態度を取っていた。

「愛知県は名古屋の庄内川レーヨンや岡崎の日清レーヨン、日本レーヨンを認可しているが、これらは一つの河川だけの問題である。しかし、人毛工場は、数千の漁民の反対のみでなく、三河湾が全国有数の漁場であり、その三河湾全体の漁場に被害を及ぼすおそれのあること

新豊橋市長　神戸小三郎

八月二十八日　名古屋新聞
株価下がる

日本人毛株式会社の株式は、工場敷地が高須町に決定したと伝えられた当時一時は十八円を越える好調をたどっていたが、レーヨンはじめ繊維工業株の高値を伝えながらも十四日現在九円五十銭を割る新安値に下落した。

を重視している。」（参陽新報）

そして、六月下旬に瀬田川魚類斃死事件を起こした滋賀県の人絹工場を、九月七日夕、知事自ら調査に出かけている。さらに、九月十九日、来豊した知事は、「人毛工場の認否は、学理と実験の結果によって裁断する」と語り相変わらず慎重な姿勢を示していた。

反対派は、仏教関係者をも動かした。九月二十九日、三河湾沿岸の五十余の寺院が連署して「漁民が安堵するよう善処を」と県知事へ陳情した。代表は前芝蛤珠庵鈴木総渓、同西福寺西田信定、梅薮観音寺永井海雲、伊奈東漸寺広瀬慈鴻の四名であった。

十月にはいると、促進派は、東三河選出の大口喜六代議士を再び担ぎ出し、県に対して人毛工場促進の工作を行った。

一方、豊橋における工場敷地取りまとめが進展しないことにいらだっている日本人毛会社は、社長の出身地大分市を有望視し九月初めから調査をしていた。十月十日には重役会が開かれ、会社の態度を決定するとのことで、同日、神戸市長も加藤会長も上京し、それぞれの立場で会社側へ働きかけをした。加藤会長は農林省へも反対工作を行った。

八月三十一日　名古屋新聞
日本人毛株、払い込み額割る

会社は豊橋という既定の方針から他地域への退却準備が伝わってきた。一万五千余株の地元株主は、それぞれ危ぶみ早くも大半が証券筋に売り渡している状態になっている。

九月七日「喫煙室」
県当局と人毛

人毛豊橋工場の敷地問題は、今日にいたっても解決をみるにいたらない。……問題解決の鍵を握っている本県が、いつまでも裁断を下さないことが、この問題を紛糾させ、賛否両派の対立が激化する原因であることを、県当局は知らないらしい。いかにも、役人らしい認識である。

両派ともあらゆる力を振り絞り、激しい陳情、工作を行っており、人毛工場の敷地はどこへ行くのか、はかり難い状態となった。

そうこうしているうちに、結局市は牟呂耕地整理組合の切りくずしができず、柳生川沿岸の敷地確保に失敗した。

次に新しく市が目をつけたのは、小浜町・橋良地区で南部土地区画整理組合へ土地取りまとめ工作を行った。しかし、早くも反対意見が出てきた。反対派では、十月十九日午前十時から前芝・牟呂の漁民一五〇〇名を牟呂八幡社に集め反対集会を行い、午後前芝の漁民は橋良の観音様に祈願デモを行った。

さらに、十月二十六日、普仙寺で三千名を集めて三河湾漁民大会、十一月四日、二千名が県庁へ反対デモを行った。

本県では私の考えとは反対に、反対運動を静めさせて、その後に裁断を下そうとしているように見える。……すなわち誘致派は浄化設備の完全な運用によって、その無害を固く信じ、しかもなお実害が生じた場合は、補償の責めを果たすと声明しているにもかかわらず、反対派の諸君は、資本主義的経済機構をとやかく言ってゆずらない。

この二つの主張が、完全に対立して相容れないのは言うまでもない。それに一致点を見出そうと言っても無理だ。悪ければ悪いで不許可にすればよい。その裁断あってはじめて、反対側は浄化設備と実害補償の要求に転向するであろう。それが筋なのだ。にもかか

人毛工場　大分市へ

いつまでも工場敷地の取りまとめができない豊橋市の状態に焦りを感じていた日本人毛会社は、九月頃から大分市で敷地や水質の調査をしてきた。大分市は同社社長の金光庸夫代議士の出身地でもある。

十月二十一日、大分市議会は同社工場の誘致条件として、

①会社の要求たる弁天島六万六千坪の敷地無償提供を承諾する。

②土地買収費は、会社が今後大分市に納入する市税十三年分を予納するものをもって充当する。（参陽新報）

ことを決定、朝吹市長が上京し会社と交渉を始めた。そして十一月二十七日には金光社長は、大分市に工場建設を決定することに腹をかためた。かねて上京、会社と交渉を重ねていた後藤大分市会議長は、会社は大分市に工場建設敷地を決めたと、同日大分市へ電報を打っている。

このニュースに対して、神戸市長は次のように語っている。

「……市会が議決して大分市と会社間に契約が成立しても、そこではじめて豊橋と同一の立場になるので、それから敷地取りまとめ

わらず本県は、その裁断を遅らせようとしている。まことに不愉快千万である。なぜ本県は、そういう態度に出ているのであろうか。

官吏の身分保証は、官吏を去勢してしまったらしい。彼らの怖れることは大衆運動である。反対側のデモが恐ろしくて裁断を下せないというのが、その真相ではあるまいか。……

（原文一七二頁）

九月九日もめていた牟呂漁業組合の除名処分問題が解決した。双方とも、県水産課長の調停によって円満な手打ちとなった。

の競争になるものだ。この競争に豊橋側の責任者として充分に勝算がある。」（参陽新報）

しかし、会社はついに十二月八日の重役会において、豊橋市との契約破棄、大分市との契約締結を正式決定した。そして、ただちに大分市からいっさいを一任されて上京中の朝吹大分市長と後藤市議会議長立会いのもとに必要な契約を締結した。

（牟）人毛会社が大分市に決定後、十一月二十日に豊橋裁判所より、先に八分の通告をした三人に対し脅迫判*が成立した。罰金刑二十五円の通告があった。町総代岡田米吉氏はその日午後六時三十分より召集して総会を開き、右のことを報告したところ、あくまで上訴して白紙にすることを決定した。漁業組合長、谷山鯉三郎氏に相談して費用は漁業組合から出すことを役員会で承認してもらうことになった。また杉浦武雄代議士に依頼して名古屋控訴院に上告し、弁護士岡本実太郎氏・加藤政衛氏にも依頼した。昭和十年三月に呼び出しがあったので、谷山秋太郎氏が代表で名古屋裁判所に出頭

十月十九日「喫煙室」

人毛反対側の反省を求む

…三河湾水産業者の犠牲を必要とするならばやむを得ないのであるが、人毛工場の設置によって水産業に与える影響の問題にならないことは、私の認識が誤っていなければ、私は良心に誓って、はっきり断言できるのである。しかも今日にいたっても、水産業者の反対運動は一点の反省もなく続けられている。過去一ヶ年に近く、一糸乱れず闘ってきたその団結と巧妙な作戦は、驚嘆に値するものと賛辞を呈する。

が、しかし、その闘いが巧みであり、全国争議史上まれに見るような団結が長期にわたって維持されたにせよ、その目的とするところに大きな狂

した。判決は先の二十円(ママ)から十五円に変わったが、帰って相談したところ、東京大審院に上告することに決まり杉浦武雄氏に依頼してその手続きをとった。
その後、昭和十年八月二十日、杉浦氏を通じて谷山秋太郎氏代表で東京に行き法廷に立った。判決は「罰金刑十円に処す」であった。

いがあったのでは何にもならない。東三水族の諸君は、少しでも自らの目的意識について反省したことがあるのだろうか。少なくとも今日までのところ、反省したと見るべき点は見当たらない。そのことはやがて、この反対運動の全的価値を傷つけることになるのである。私は最後の五分間にいたって、なお反省を求めたい。
（原文一七三頁）

脅迫判
脅迫罪のことか。

反対派の勝利

日本人毛会社が大分市進出を決定した日は、ちょうど三河湾沿岸の漁民が東三水族擁護同盟会を結成して、人毛工場反対運動を開始して満一周年の日であった。東三水族擁護同盟会では、午後二時、宝飯・渥美の漁民二千五百名を一宮砥鹿神社に集めて、牟呂一帯の漁民一千名は牟呂八幡社でそれぞれ「人毛反対一周年大会」を開いた。そして、一ヶ年間の闘争の経過を報告し、勝利の時が近づいていることに気勢をあげ、さらに神の加護を祈願した。

この人毛反対一周年記念大会の最中に、「人毛会社、豊橋市と契約破棄、大分市と契約締結」のニュースが名古屋新聞豊橋支局の記者によって、同社東京支局からの連絡として砥鹿神社社務所へ電話で伝えられた。参陽新報によると、

「…この報一宮砥鹿神社および牟呂八幡社に集合中の漁民大衆に報ぜられるや、期せずして万歳の声は天地をどよもし、感極まって咽(むせ)び泣く者もあり、劇的光景を呈していた」

十二月十一日「喫煙室」
人毛問題終結

人毛問題が大分市に決定したというので、前芝や牟呂の人毛反対陣営は、四斗樽の鏡を抜いて狂喜乱舞の大はしゃぎである。反対闘争一ヶ年、事の善悪は別にして、少なくとも勝った形になってみれば、狂喜乱舞も無理もない人間感情のあらわれである。しかし、彼らにもし反省の機会が与えられたとするならば、今日の狂喜乱舞は、やがて豊橋市繁栄の芽を踏みにじった悔いとして、悩むこともあるに違いない。

ここに惨めな状態におかれたのは、誘致派の陣営である。過去一ヶ年の努力は水泡と帰し、その念願とする豊橋市繁

と報じている。
この反対運動の第一線で戦ってきた梅藪の小柳清は、この時の感激を次のように回想している。

わたしたちが人毛工場設置反対運動を始めてから、ちょうど一ヶ年になるというこの日、すなわち、昭和九年十二月八日、三河湾沿岸漁民は総動員で、牟呂八幡社と一宮砥鹿神社で祈願をこめて「一周年大会」を開きました。牟呂町では約一千名が集まって、最後まで戦うため気勢をあげました。宝飯の漁民約二千名は一宮砥鹿神社に集まり、これまた祈願の上、大会を開いて気勢をあげました。

ちょうどその時、加藤六蔵会長から「ただ今、新聞社から連絡があって、人毛会社は金光社長の郷里九州の大分に進出が決まりました。一ヶ年の長い間皆さんと共に戦ったかいあって、我々漁民が勝ったのです。皆さんありがとう。」と言って涙を流して報告されました。その瞬間、二千名の漁民は期せずして「万歳、ばんざい」といって喜び合いお互いに手を取りあって咽び泣いたのです。

わたしは一宮砥鹿神社の会場にいました。過ぎる一年間、青春の栄の第一歩は抹消され、しかも敗者の地位におかれたのであるから、初冬の風が身にしみる。このようにいう私も、人毛工場誘致を必要と信じ、微力をつくしたのだから、同じ悩みを抱かざるを得ない。人毛工場の豊橋設置を確信しないまでも、それを実現しなければならないとしていた私である。今日の結果をみては、白昼、人前に顔が出せない思いである。……

(原文一七四頁)

エネルギーをこの人毛闘争に燃やし、ある時は、深夜賛成地主の宅を警戒し、またある時は、反対運動の首謀者として豊橋警察署に検束されたり、その他数々の闘争の第一線で働いてきたことが目のあたりに浮かび、誰よりも感涙に咽びました。あれから五十年近くなりますが、今でもあの感激は忘れられません。わたしの長い人生の中で、これほど感激はありませんでした。ほんとうに言葉にいい表せないほどです。

牟呂八幡社でも、岡田文一副会長から報告され、万歳の声は天にとどろいたそうです。

また、人毛誘致派の先頭に立って運動してきた神戸市長は、この報に接して、県当局の態度を責めて次のように語った。

「まだ会社から契約廃棄の通告はきていないが…最善を尽くして、尚且つ敗れたことは遺憾であるが、今さらどうしようもなく、やむを得ないことじゃないか。このために市長としての責任を問うというなら、これもまた責に任ずるに吝かならざる覚悟は持っている。只返す返すも遺憾なことは県当局の態度だ。約一ヶ年間害毒調査に名を

十二月十六日「喫煙室」時はすでに遅い―賛成地主の出名

…反対の大衆運動に引きずり回されたほど信念なき本県首脳部であるから、それより数に於いて数倍である賛成側の大衆運動が行われていたならば、問題の帰結は逆であったかも知れないのである。それを賛成演説会を押しとめ、知事への膝詰め談判を許さず、頭さえ下げれば、事が成就すると考えていた指導部もあったのだから、その愚を悔やむより仕方がない。いつの場合においても大衆運動を軽視してはいけない。軽視することを許されるものは、信念あり、迫力ある人のみである。

（原文一七五頁）

かりて、ハッキリした態度を今日まで示さなかったことは、徒（いたずら）に大衆運動を怖れるの態度としか受けとれない。大衆運動さえやれば如何なることでも通るという前例を作ったことに対しては、恰（あたか）も県会が開会中であり、自分は市長としてではなく、県会議員として篠原知事の所信をただす決心である云々。」（参陽新報）

市民への挨拶とお礼参拝

一ヶ年にわたる闘争に勝利を収めた東三水族擁護同盟会では、豊橋市民の同情の賜であると、十二月十二日、市民への感謝の気持ちをこめた次のような内容のビラを各戸に配布した。

「人毛工場敷地は他に決定をみました。これも偏に豊橋市民各位の弱い漁民に対する御同情の賜です。吾等漁民は豊橋市発展のために魚族に有害ならざる工場の誘致には双手を挙げて賛成するものです。今後とも何分の御同情をお願いします。」

また、反対闘争の勝利は神々の加護によるものであると、たびたび反対祈願をした一宮砥鹿神社、牟呂八幡社、田尻の金比羅宮、石巻山の石巻神社などを巡回総参りをする計画を立てたが、「今さら市内でのデモンストレーションは慎んだ方がよい」との、豊橋警察署の指導もあり、砥鹿神社だけにお礼の総参りをすることにした。十三日午前十時、約三千人の漁民が砥鹿神社に集合、戦勝お礼の祈祷が行われた。

御禮狀

謹啓向寒の候貴家愈々御清祥之段奉賀候さて昨年來種々歎願仕候日本人造羊毛株式會社工場敷地も今回他に決定致候はひとへに豊橋市民各位の深甚なる御同情の賜と存じ伏して御厚禮申上候

我々漁民としても大豊橋建設のため無害なる大工場誘致には双手を擧けて賛意を表する次第に有之候間何卒今後共三河灣沿岸漁民を御救ひあらん事を切に御願申上候

先は御同情御禮まで斯の如くに御座候

敬具

昭和九年十二月十二日

三河灣沿岸漁民一同

市民各位殿

三河湾沿岸漁民一同の名義で豊橋市民へ配布した御礼状

人毛反対戦勝祝賀会

人毛工場反対闘争の大勝利を勝ち取った東三水族擁護同盟会では、十二月十六・十七の両日にわたり「漁場保護目的貫徹大祝賀会」を行った。*十六日は牟呂八幡宮において約三千五百名が集まり、乾杯でお祝いをし、余興としてもち投げ、芝居などを行って大いに気勢をあげた。十七日は午前十時から、前芝小学校の校庭で前芝漁業組合主催の祝賀会が開かれた。宝飯郡水産関係各組合の代表と宝飯郡内の町村長などを来賓として、前芝・小坂井・大塚の漁民約四千名が出席した。

加藤六蔵会長の一ヶ年の闘争の経過報告と感謝の挨拶に続いて、多くの闘士が入れ代わり立ち代り五分間演説を行い、宝飯郡水産業者の万歳を三唱し、コモ樽の鏡を抜いて乾杯し気勢をあげた。余興としてもち投げや東京大相撲大関清水川*一行の相撲が行われ、老人から婦人や子どもまで終日勝利の喜びに酔っていた。

祝賀会　谷山秋太郎氏『人毛騒動記』には、十二月に入って、勝利の祝賀式をせよとの声が上がった。しかし、組合長始め役員の意見も、組合員中に多数の人毛賛成者があったことゆえ、今後も漁業組合の平和のため、各町組合員の数により御酒を分けてほんの心持の祝賀会を町々で行って終止符を打った。と記述されており、食い違っているが事実は分からない。

大関清水川　本名長尾米作　明治三十三年～昭和四十二年（享年六十七）　青森県五所川原市出身。身長一七七センチ体重九七キロ。当時、最強大関と言われていた。また、尾崎四郎(「人生劇

豊かだった運動資金

一ヶ年間の猛烈な闘争によって最後の勝利を獲得した東三水族擁護同盟会では、相当多額の運動費を使った。

宝飯五ケ組合（前芝・梅藪・日色野・伊奈・平井）では組合長はじめ十名ぐらいの組合員が、闘争本部である前芝の蛤珠庵に常時詰めていた。また、牟呂・渡津の二組合でも牟呂町市場にあるアサリの集荷所に本部を置いて、ここでも毎日二十名ぐらいの組合員が詰めていた。これらの人々の食事をはじめ連絡などの経費を相当必要とした。

運動のための特に大きな出費は、千名もの漁民が愛知電鉄（今の名鉄）で二回も愛知県庁へ陳情に行った旅費であった。その他、前後三回にわたり、滋賀県・岡山県・広島県に人絹工場の被害状況を視察に行った旅費・宿泊費も大きかった。さらに、加藤六蔵会長をはじめ七ケ組合の組合長などがたびたび上京し、農林省に陳情した旅費・宿泊費、その他いろいろな経費が使われた。

これらの運動資金はすべて漁業組合の積立金でまかなわれた。この組

場」で著名な吉良出身の作家）の小説の主人公となってもいて、当時実力を備えた人気力士だった。

運動資金

小柳清氏は『わたしのきた道』で「何年闘争しても資金面では困らなかった」と語っている。

また、昭和十年二月「新名子」氏の大阪の業界専門紙「工場世界―二月号―」寄稿の文によると、「反対派の豊かな資金に反し、誘致派は直接個々のメンバーに利害関係薄く、資金も乏しく結局闘争力を失っていった」としている。

合の積立金は、ノリのよく採れる漁場を組合員に入札させた漁場の使用料を積み立てたものであった。

人毛工場反対運動の主力は、西浜の五ケ組合と六条潟の二ケ組合であった。西浜漁場というのは豊川右岸の河口から御津町下佐脇までである。六条潟漁場は豊川左岸の沖合、神野新田地先から三号、大崎までである。この漁場は広大で、牟呂・渡津の二ケ組合の他、西浜漁場の宝飯五ケ組合もともに使用していた。この両漁場の豊川の流れに近いところは、非常に良質のノリが採れる漁場であった。

そこで、この漁場は、他の漁場と異なり、一般組合員に割り当てをせず、毎年全組合員に通知して競争入札とし、使用料を取って貸付けていた。また、各組合は、毎年漁場を組合員に、割り当て配分するが、ちょうどよく配分できないで余った場所は、これまた組合員に競争入札させて使用量を取った。働き手の多い組合員は、この入札に参加して使用料を払ってノリ漁業を行ったので、毎年相当の額の使用料が入った。

この金が各組合の漁業権、すなわち漁場の持ち分に比例して配分されていた。それが、組合運営費や漁場整備の費用として積み立てられていたので、各組合とも多くの蓄えを持っていた。

人毛工場反対運動の資金は全部この漁業組合の積立金でまかなっていた。そのために、運動のための費用は一般組合員から全然徴収しなかったので不平も不満もなかった。闘争が長引いても資金の心配はなく、憂いなく一致団結して戦ったことが勝利の大きな原因の一つであったろう。

漁場擁護目的達成記念樹　石柱
伊奈町　若宮八幡社境内　昭和９年12月17日建立

若宮八幡社境内　石柱

伊奈史跡保存会会員の中西隆基氏から、「神社に誰に聞いても何なのかわからない石柱がある。ひょっとして…」という話があった。

石柱は一部埋まっていたが、明らかに運動達成を祝い、記念植樹したことを示すものであった。しかしどうしたわけか記念樹は今ない。

まる一年間、豊橋の政財界から農漁民、町内の一般市民までをまき込み、賛成、反対に世論を二分した人毛工場誘致騒動は、農漁民の執ような反対運動によって終わりを告げた。

この人毛騒動は、豊橋の政界と財界が一体になって、豊橋の工業都市化を志向して、工場誘致と港湾建設の促進をはかったことから起こった。

当時、人造絹糸・人造羊毛などの近代的な化学工業は順調な発展期に入っていた。在来の産業である水産業と新興の近代産業の衝突は、全国各地で起こっており、零細な水産業者を近代産業が圧迫していた。その中で、三河湾沿岸漁民が、人毛工場の誘致を大衆運動によって覆(くつがえ)したことは、注目すべきことであった。

日本人毛株式会社と豊橋市との契約の中に、工場排水が三河湾の魚介類に及ぼす損害に対し、漁業組合から苦情や損害賠償の請求があった場合は、豊橋市が事実上いっさいの責任を負って処理をして、会社には何の損害も与えないという条項がある。このことから、当時の企業の身勝手な姿勢に驚かされる。この企業の姿勢に反発した東三水族擁護同盟会の人毛反対運動は、「水質汚濁防止法」*の制定促進の気運を生み出し、政府をはじめ水産業者の認識を深めたことは高く評価される。

この事件の最中、まず愛知県水産会が東三水族擁護同盟会の呼びかけにより、「水質汚濁防止法」の制定を叫び、さらに、昭和九年四月二十三日から二十五日に東京で開かれた全国水産協議会において、愛知県水産会より「水質汚濁防止法」の制定を農林当局に建議する件が提案され、全会一致で採択され農林省へ陳情されている。

また、同年八月十九日には神戸市で兵庫県水産会主催の全国人絹工場水質汚濁防止協議会が開かれ、同法の制定の建議を決定して、全国的な運動へと発展させている。

もう一つ、人毛反対運動の功績と考えられるものは、「耕地整理組合法」の規定を正しく履行しない旧来の悪習を突いたことであった。従来、大工場の敷地造成は耕地整理組合の所有土地から組合の役員会の決定により譲り受ける方法をとることが多かった。この騒動中、小向町の三耕地整理組合代議員会での敷地売却決定や、牟呂耕地整理組合代議員会で

水質汚濁防止法

水質対策の基本となる法律。工場および事業所の排水の公共用水域への排出および地下への浸透を規制するとともに、生活排水対策の実施を推進することによって、公共用水域および地下水の水質の汚濁の防止をはかることで、人の健康を保護し、かつ、生活環境を保全。また排水される汚水および廃液に関して人の健康に関わる被害が出た場合における事業者の損害賠償の責任について定めることにより、被害者の保護をはかることを目的とした。

昭和四十五年「水質汚濁防止法」が制定されるまでは、昭和三十三年に制定された公共水域の水質の保全に関する法律「水質保全法」、工場排水

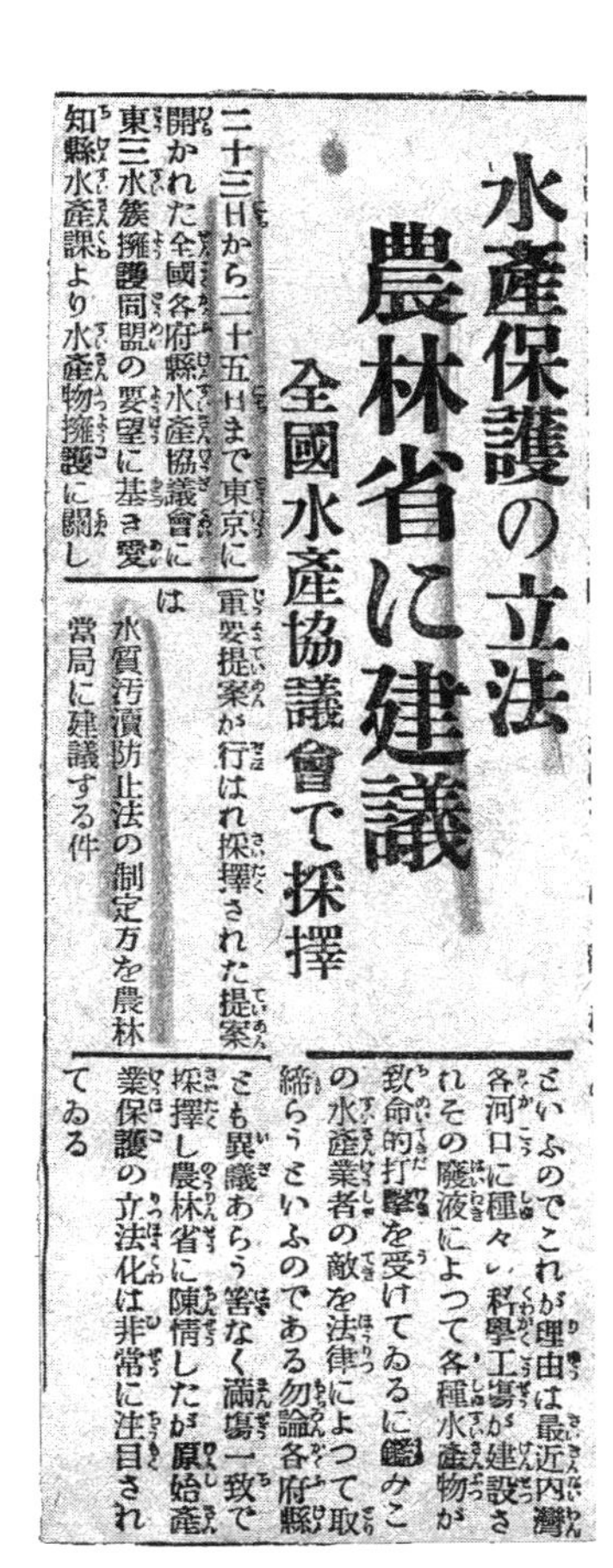

水産保護の立法
農林省に建議
全國水産協議會で採擇

二十三日から二十五日まで東京に開かれた全國各府縣水産協議會に東三水族擁護同盟の要望に基き愛知縣水産課より水産物擁護に關し

水質汚濁防止法の制定方を農林當局に建議する件

は重要提案が行はれ採擇された提案といふのでこれが理由は最近內灣各河口に種々科學工場が建設されその廢液によつて各種水産物が致命的打擊を受けてゐるに鑑みこの水産業者の敵を法律によつて取締らうといふのである勿論各府縣とも異議あらう筈なく滿場一致で採擇し農林省に陳情したが原始産業保護の立法化は非常に注目されてゐる

4月28日　参陽新報

などの規制に関する法律「工場排水規正法」「下水道法」によって、規制が行われていた。

江戸川の一源流である渡良瀬川の鉱毒事件（足尾銅山）に端を発して、大正・昭和期の水質汚染問題をあぶり出し、さらに一九五〇年代初期から問題となっていた水俣病およびイタイイタイ病への対策として制定された。しかし、実効性が不十分であった。昭和三十九年には新潟県阿賀野川流域に水銀中毒患者が出た（第二水俣病）が、水質汚濁の未然防止はできなかった。

このため排水規制の仕組みを全面的に強化するため、昭和四十五年に制定されたのが、排水した者の責任を問う「水質汚濁防止法」である。

の設計変更の強行可決にみられるように、一般組合員の意志に関係なく、一部役員会の意向がものをいったのがこれまでの慣例であった。

しかし、この運動では個々の組合員が土地所有権を主張し、少数役員の都合で土地の譲渡を決定することの不当を訴えた。愛知県の耕地整理課も、その不当を認め組合員の土地所有権が確立したことも高く評価される。

この三河湾漁民の人毛反対運動は、漁民の生活権擁護を前面に押し出しており、「公害」という言葉のなかった当時、自然保護・公害防止の訴えや認識はまだまだ弱いものであった。そして、この運動によって芽生えた新しい動きも、やがて日中戦争から第二次世界大戦の戦争という大きな渦に押し流されてしまう。現在のように、公害対策の費用を公害を起こした者に負担させるという原則の確立には、なお半世紀を必要とした。

人絹人毛の被害問題で
全國水産業者が統一ある對抗運動
期成同盟會を作り政府に迫る

既報――去十九日神戸市の産業會館に開かれた兵庫縣水産會主催の全國……し兵庫縣水産會長を會長に推しさりあへず左の六項目貫徹の爲猛進を期して散會した。

一、政府に水質汚濁防止法制定方を建議する事
二、既設人絹工場の魚族に及ぼす被害状況を至急調査する樣政府に建議する事
三、右調査に基き除害設備の標準を政府が指示せられたき事
四、漁業法第三十四條（水中へ有毒危險物放流取締り）の機能を充分に發揮せられたき事
五、被害甚大の地には企業者若しくは國庫から損害を補償する方法を講ぜられたき事
六、漁業に被害甚大の怖れある所には工場設置を許可せざる樣政府から地方長官に指令せられたき事

人絹工場の水質汚濁防止協議會に三河乾海苔同業組合長の加藤六藏氏が愛知縣代表として出席二十日歸縣したがその談によれば出席府縣は人絹、セロファン等の所在地たる大阪、京都、滋賀、愛媛、香川、福岡、廣島、山口、徳島、岡山、愛知、靜岡、福井、兵庫等の各府縣水産會代表で既設人絹工場所在地代表より今日までの被害状況を報告し協議の結果「全國水質汚濁防止期成同盟會」を組織

新舊産業の喧嘩
縣では扱ひ惡い
篠原新知事の興味ある話

豐橋の人造羊毛工場問題に對して篠原新知事が如何なる態度に出るかは頗る注目されてゐるが着任の日縣政記者團より問題に對する質問に對して

人絹工場の被害問題は前任地の岡山縣でも喧ましいと豐橋市からの視察報告による「全然問題など起つてゐない」といふ宣傳を知事が打消すといふ皮肉さを見せ

原始産業と新興科學工業の此種

8月22日　参陽新報

人毛騒動関係年表

人毛工場誘致推進派

昭和七年

九月

一日
隣接町村合併（高師村・下地町・牟呂吉田村・下川村・石巻村大字多米）
・豊橋政財界、港湾開発と工場誘致を志向

十二月

日本人造羊毛株式会社、豊橋を工場候補地として創立を計画

昭和八年

人毛工場誘致反対派

昭和七年

昭和八年

十月

十三日
宝飯漁業組合役員、牟呂漁業組合長に同一行動をとるように申し入れる

二十一日
牟呂漁業組合役員会で人毛工場建設に反対することを決定

三十一日

十一月

二日

日本人造羊毛株式会社発起人会（東京丸ノ内会館）へ豊橋商工会議所と豊橋市代表参加

七日

商工会議所、公募株式三万株を議員でとりまとめることを決定

八日

市議会、人毛工場の市税付加税を一定期間、補助の名目で返すこと、株式応募に協力することを決定

十二月

会社、工場候補地、牛川町・牟呂町・柳生橋川流域のうち、牟呂地区の高須新田の一部、十万坪を買収することを決定

九日

日本人毛会社、豊橋市と契約締結

二十七日

市議会、人毛工場助成費三三万五千円可決

牟呂漁業組合役員会を開き、工場反対の決議

十一月

十五日

加藤六蔵（前芝）岡田文一（牟呂）ほか一名、丸茂藤平市長へ人毛工場反対を申し入れる

二十五日

宝飯郡五ヶ組合、牟呂漁業組合員ら岡山・滋賀視察

十二月

八日

東三水族擁護同盟会を設立（豊川妙厳寺）会長　加藤六蔵

十八日

同盟会代表五名　広島・岡山・滋賀の同種の工場の漁業への影響を視察に出発

十二月

牟呂農民組合の小作農も反対を表明

昭和九年

一月

十五日
線路西の総代（高須町を除く）反対運動緩和のための相談をする

二十七日
土木議員、地主を歴訪し調印を要請

三十一日
丸茂市長、声明文を発表

二月

三日
リーフレットを市民に配布
日本人造羊毛株式会社設立総会
六日

昭和九年

一月

十日
前芝村漁業大会

十三日
同盟会、三河湾沿岸漁業組合代表四十名余を集め反対集会
（豊橋駅前吉野屋旅館）

十六日
第一回東三漁業者大会（馬見塚専願寺）
・市役所へ五百名デモ、市長へ陳情

二十二日
同盟会、二十八の漁業組合、会社と市長へ陳情書を提出

二十五日
第二回東三河漁業者大会（牟呂普仙寺）
・市役所へ自転車デモ、陳情

三十一日
リーフレット二万枚、市内に激布

二月

十三日
他県工場視察より帰豊、被害激甚を訴える

十五日
宝飯漁民大会、前芝小学校で開催　千余名集合

町総代幹事会工場誘致委員会、大豊橋建設の声明書発表
十五日
市、高須の候補地を小向町・柳生川流域等へ転向を協議
二十一日
大豊橋市建設期成同盟会結成
・総代会を中心に豊橋市、市会、商工会議所を結束
二十二・二十三日
期成同盟、人絹工場視察に出発

三月
市、候補地高須町を断念
一日
報告演説会二千名（公会堂）反対派で占める
十五日
共同調査案流れる
二十二日
擁護派不参加のまま調査団出発
二十五日
三耕地整理組合役員会開く

反対ビラを小向町方面へ配布
二十日
東三水擁同、市民大演説会を東雲座で開く　午後六時
二千名集合　滋賀県、瀬田漁業組合長神永氏応援演説

三月
五日
第二回人毛反対大演説会（豊橋劇場）
八日
三河湾漁業者大会二千名（普仙寺）
十三日
千数百の漁民、吉川町大林和助宅におしかけ、ガラス破損、
日色野町の塩野谷森勝以下九名検束される
十四日
三千名、人毛発起人宅におしかけ、山本満平宅で小柳清、清
水庄次郎検束される
十五日
農漁民千五百名、石巻山へ反対祈願
十七日

四月

人毛候補地、小向町に変更

五日

三耕地整理組合　評議員会で敷地売却応諾

六日

視察報告リーフレット配布

五月

三十日

牟呂耕地整理組合代議委員会、設計変更（人毛敷地の前提

農漁民三千名、砥鹿神社へ反対祈願

二十一日

東三河水族擁護同盟会・大豊橋建設期成同盟会、市政記者団の人毛類似工場共同調査に東三河水族擁護同盟会不参加表明

十一、二十五、二十八日

反対の嘆願書を小向町内へ数千枚配布

四月

六日

三耕地整理組合、役員専断を憤り紛糾

七日

前芝村民八百名、田尻の金毘羅宮へ反対祈願帰途、人毛発起人山本満平宅へ殺到、警官隊と衝突、前芝の漁民数名拘束される

二十一日

加藤六蔵ら三辺知事に陳情

二十八日

全三河湾湾岸漁業者大会三千名（普仙寺）

五月

反対派、牟呂八幡社へ連日参拝、デモ

六日

としての五間道路二本造成)を強行可決
三十一日
人毛候補地、柳生川畔に変更

六月
六日
牟呂耕地整理組合、土地仮交付通知を発送
七日
市長、柳生川畔へ誘致を記者団へ声明
柳生川畔、十ヶ所ボーリング工事
十五日
工事建築許可申、工事課は却下
二十四日
大口喜六代議士、金光庸夫代議士(日本人毛社長)と人毛促進を知事に陳情

三耕地整理組合評議員会、補償違約金などを組合長に要求
十二日
牟呂耕地整理組合、反対調印をまとめる

六月
六日
三河湾沿岸漁業者大会二千名(普仙寺)
・東三水族擁護同盟会本部を前芝から牟呂へ移す
八日
市場町は、賛成にまわった有力者三名を「町八分」に決定し通告した
十一日
三河湾沿岸漁業者大会二千名(専願寺)
・市長、大地主、牟呂耕地整理組合役員へ嘆願
十二日
東三水族擁護同盟会、五三〇の牟呂耕地整理組合の設計変更決議は無効であるとの異議申請書を県へ提出
十四日
同上陳情書を農林省へ提出
十六日
牟呂耕地整理組合、役員総辞職させる
二十五日
杉浦元副組合長を辞職に追いこむ

七月

十二日

人毛会社、記者に無害説明会（豊橋ホテル）

十七日

大豊橋建設同盟会主催の市民大会（東雲座）

宣言決議できず流会

十八・十九日

人毛促進演説会

二十日

大豊橋建設期成同盟会、牟呂で、人毛誘致支持演説会

二十五日

期成同盟の促進演説会（豊橋劇場）

二十八日

東三水族擁護同盟会反対集会（牟呂八幡社）

七月

三日

牟呂耕地整理組合地主大会、森田組合長不信任決議

十二日

三河湾漁業者合同大会三千名（牟呂八幡社）

十五日

五百名の漁民、二万五千枚の嘆願書を各戸へ配布

十六日

二千名の漁民、同情書へ署名運動開始

二十五日

御同情感謝演説会（東雲座）

七月

二十六日

牟呂、小向、新栄など条件つき賛成にまわり、同盟会分裂

夜、前芝、小坂井町伊奈の三百名、牟呂耕地整理組合長、森田甚兵衛宅へデモ

二十七日

未明、前夜に続き、賛成に転じた牟呂地区の漁民を個別訪問、警官隊出動

二十八日

八月
三日
総代会、市民賛成者二万余名の署名を愛知県へ提出
森田組合長、代議員を召集、設計変更議決
六日
漁業権問題、県は取り消し命令
十二日
期成同盟、促進演説会（大西集会場）
二十日
篠原知事着任
二十九日
丸茂市長任期満了

九月
三日
神戸小三郎市長着任
七日
人毛会社、大分市を有望視、水質調査
七日
篠原知事自ら滋賀県瀬田川紛争の人絹工場を調査に出発

牟呂漁業組合臨時総会七百七十名（普仙寺）
賛成者に対する処罰決定

八月
四日
牟呂漁業組合臨時総会、賛成に転じた組合員を漁業権停止
決議（普仙寺）
五日
牟呂耕地整理組合地主総会、組合長解任決議
十三日
牟呂耕地整理組合、設計変更に異議申し立て
二十五日
牟呂漁業組合臨時総会、除名決議（普仙寺）

九月
四日
漁民二千名、普仙寺で反対集会、代表五十名、石巻神社反対
祈願、加藤会長、谷山牟呂組合長県へ陳情、市長へも陳情
九日
牟呂漁組の被除名者と組合、県水産課長の調停で円満解決、
漁業権行使できることになる

十日、十三日、十四日
神戸市長、連日県知事へ人毛工場促進を陳情
十五日
神戸市長、人毛本社へ工作のため上京、人毛会社重役会、豊橋の敷地問題協議
十九日
知事来豊、人毛工場の認否は学理と実験の結果により裁断すると語る
二十九日
人毛会社杉浦専務、反対運動中の漁業補償をして妥協したいからと加藤会長に会見申込み、拒否される

十月
三日
大口喜六代議士、県へ人毛促進工作
九日
神戸市長上京、人毛本社へ懇願
十日
人毛会社重役会、大分市と豊橋市へ重役の意見二派に分かれる
神戸市長会社へ事前工作
十七日
市、柳生川沿岸の牟呂耕地整理組合の敷地とりまとめ失敗、

十五日
石巻山総詣り、二千名越す
二十九日
三河湾沿岸の五十余の寺院「漁民が安堵するよう善処方を」県知事へ陳情、代表、前芝蛤珠庵鈴木総渓、同西福寺西田信定、梅薮観音寺永井海雲、小坂井東漸寺弘田慈鴻の四名

十月
二日
前芝を中心とした漁民千名、砥鹿神社、田尻の金毘羅宮へ反対祈願
九日
加藤六蔵ら上京、人毛会社と農林省へ反対陳情
十一日
漁業組合五千余名の陳情書を持ち県庁へ
十七日
南部土地区画整理組合で反対意見おこる
十九日

小浜町、橋良町へ候補地をうつし、南部土地区画整理組合へ
工作

二十一日

大分市議会、日本人毛会社誘致の条件決定
①会社の要求たる辯天島六万六千坪の敷地無償提供を承諾
②土地買収費は、会社が今後納入する市税十三年間分を予納するものをもって充当、この条件で朝吹市長、会社と交渉中

二十七日

日本人毛、金光社長裁断で大分市に決定

十一月

二日

市長ら促進派、県庁へ陳情

十二月

八日

日本人毛重役会、豊橋市との契約破棄

前芝・牟呂漁民、千五百名、十時、牟呂八幡社で集会、午後、橋良の観音様へ祈願

二十六日

三河湾漁民大会三千名（普仙寺）

十一月

四日

漁民二千名、県庁へ反対デモ
神戸市長と県庁で鉢合わせ　陳情合戦

七日

県当局へ相次いで陳情

十八日

人毛反対地主、十一名上京

十二月

八日

宝飯・渥美の漁民二千五百名砥鹿神社で、牟呂の漁民千名牟

十七日
市長、県議、大豊橋建設期成同盟会役員ら三十六名、人毛工場敷地の前提である牟呂耕地整理組合の設計変更認可促進陳情
二十五日
人毛工場誘致のための地主大会五百名市公会堂で開く

呂八幡社で人毛反対一周年大会(午後二時から)豊橋市との契約破棄の報告得られ喚声あがる
十二日
豊橋市民へ感謝挨拶のビラ配布
十三日
漁民三千名、午前十時、一宮砥鹿神社へお礼参り
十六日
「漁場保護目的貫徹大祝賀会」牟呂八幡社　三千五百名集会
十七日
「同大祝賀会」前芝小学校　四千名集会、東京大相撲清水川一行の相撲見物

新朝報「喫煙室」西進策　原文

「西進策の足あと—或る地方記者の記録—」河合陸郎著　三河輿論新聞社 より

昭和九年（一九三四）

六三頁

一月十三日　原始的漁業と都市発展

人毛工場設置絶対反対を標傍して猛烈な反対運動を続けてゐる東三水族擁護同盟会の一部に、旗印を転換して補償要求で進まうと主唱するものが現れるに至ったことは注目に値する。色々のことはいふけれども水産業と近代工業とは原則論的に両立すべからざる運命におかれてゐることを先づ知らねばならぬ。豊橋の場合においても、もちろんさうだ。

東三水族擁護同盟会が人毛工場設置に反対した処で、遠からず豊橋築港の実現をみた暁において海苔漁場はもとより縮少されるであらうし、近海漁業の範囲は恐ろしく縮少されるのは明瞭である。何れにせよ、豊橋市の産業的発展は、遅かれ、早かれ免るべくもなく、従って豊橋地方の水産業が衰退するであらうことは、何うすることも出来ない約束とみるべきである。

斯くの如き例は欧米はもとより日本の各地において枚挙にいとまないほど沢山あるのである。人毛工場設置には反対し得ても築港の問題になれば、大局的に反対し得ないのが事実とするならば、豊橋地方における水族擁護の運命も知るべきのみである。原始的産業たる漁業延命のために、豊橋市が近代産業都市として伸びなくともいゝといふやうな議論は恐らく、起り得ないであらう。

お互いの見透しにして、そこへ落付く以上、人毛工場絶対反対を主張して補償要求の機会を逸することは漁業家にとって大きな損害である。漁業家はこゝにおいて、大悟一番、転向の方法を講ずべきである。しかし、それに就いては市当局その他においても転業の犠牲を最小限度に止めるためには、補償あっせんに就いて万遺憾なきを期せねばなるまい。私は問題をこゝまで推移させたいと思ふ。

九二頁

三月十四日　石巻山参拝の与へた影響

　十二日の風雨を衝いて東三水族擁護同盟会の農漁民諸君が石巻山に参拝した光景は全く悲壮なる感じを与へられた。誰が考へた策戦かは知らないが、何もわきまへぬ子供に乞物ひさせる光景を思ひ出させる。人毛工場の設置が、三河湾漁業者の生命を奪ひさるであらうとの憂慮が、この石巻山参拝となって現はれたに違ひない。さう信じることの愚さはいふまでもないが、さう信じ込ませた人の責任たるや実に重いといはねばならぬ。

　仮りに一歩をゆづって人毛工場の設置が、水族に有害なりとする三河湾漁業者が、その設置に反対するのは決して無理とは思へない。大多数の幸福のためには、少数者の生業が奪はれてもいゝといふことは出来ない。しかし、小の虫を殺しても、なほ大の虫を活かさねばならぬことも知らねばならぬ。

　…（略）…

　仮りに、全く仮りに一歩をゆづって人毛工場の設置が水産業に有害であるとしても、なほ且私は大多数の幸福と豊橋市の工業的飛躍のために人毛工場の設置に反対することは出来ない。もちろん、水産業者が必死となって反対運動に狂奔することを否定し去るものではない。

　…（略）…

一一〇頁
三月十六日　事態の悪化の統制部の責任

…（略）…

由来、大衆的運動が、司法権の発動を必要とする状態にまで激化して、なほかつその目的を達成し得た例は少い。多くの場合においては、大衆運動に司法権の発動を必要とするに至った時、その運動はほんらいの目的と相反した方面へ逸し去るのが常である。このことは大衆運動をリードするものゝ常に心掛けねばならぬ基礎的条件であって、その統制の失はれた時こそ、その運動の失敗は決定的となる。

東三水族擁護同盟、今回の事態は、既にして、その最後の一線に到達したものといへる。人毛工場設置反対運動の指導部は、こゝにおいて事態の成行に対し慎重なる考察と、その運動方法に対して徹底的検討を加へる必要がある。それなくして、事態を成行に任せるならば、如何なる不祥事に、三河湾漁業者を直面せしめるかも知れないのである。しかもまた漁業者自らは冷静に自己の立場と問題の本質を考へねばならぬ。

一〇二頁
五月二日　人毛工場敷地最後の工作

小向町における人毛工場敷地問題は、仮交附を通告するばかりの段取りになってゐながら、その最後の一瞬において、重大なる危機に際会した。新田組合が、今日改めて組合会を招集しても、又吉田方組合が対策を講じたにしても、恐らく小向町における人毛工場敷地提供は断念しなければならぬことになりはしないか。私は少くともさう想ふ。小向町の場合における今回の危機は、東三水族擁護同盟における策戦の成功といふより、吉田方、新田両組合主脳部の失敗といふ方が当ってゐる。三月九日にをける関係組合の決議が、違法であるか、ないか、或は又組合規約を変更しなければならぬ性質のものであるか、ないか、それらの点に就いて、私は法的知識に欠けてゐるが故に、自らの知識をもって判断することは出来なかったのである。たゞ組合主脳部が、本県耕地整理課と、よく打合せを行ひ、慎重なる研究の結果として現れたものなるが故に、私は組合主脳部のいはゆる確信を深く信じたのであった。この点今日に至れば自らの不明を恥じるのみである。

…（略）…

一一八頁

七月十九日　「どうでもいゝ」が不可ない

人毛工場建設促進運動も、いよ〳〵市民大会となり、演説会となり、更に進んで全市的賛成調印の取まとめとなって、急速度に進展して来た。ために賛否両派の対立はいよ〳〵激化の傾向を辿るのではないかと思はれる。これは決して喜ぶべき傾向ではなく、むしろ却て悲しむべき傾向でさへある。出来得るならば、賛成側はさうした大衆的運動に訴へることなく、人毛工場建設促進の希望が達せられることを望んでゐる。

にも拘らず、大衆的に進出しなければならなくなったのはそも何に基因するのであるか。これは一つにかゝって市民の熱の足らなさにある。市民の殆ど全部は人毛工場設置に反対してはゐないのだ。東三水族の同情調印が一万二千を突破しやうが、或は二万に達しやうが、そんなことは問題にしなくともいゝ。市民の殆ど全部は、特に牟呂耕地整理組合の地主は、人毛工場の設置を望んでゐるのである。

…（略）…

一二〇頁
七月二十四日　良心に聴く
　この頃毎夜の如く、私は人毛工場建設促進の演説会に出てゐる。従って人毛問題に没入してゐるかのやうに見えるらしい。親しいお友達や、色々の方面から私は色々の忠告をうけてゐる。政治的に関係ある人々は、私の態度が恰も同志団体の提灯持ちのやうに見へるから何うだとか、或は反対運動の真正面に立つことは賢明な処世方針ではないとか。営利会社の提灯持ちは止した方がいゝではないか、等々である。
　私は、それらのいはゆる忠告に感謝せずにはおれない。しかし、私には私として自ら別な心境がある。私が同志団体の提灯持ちのやうに見えたって構はない。人毛工場建設促進運動の本部が、同志倶楽部におかれてあるといふことを聞かしてくれた人にも、私は同じことをいひたい。もちろん私といへども、それらの経緯に就いて知らない訳ではない。が、現在の私にとってはそんなことはどうでもいゝのだ。何よりも先づ工場建設を具体化することが私にとって当面の重要問題なのだ。
　それが、豊橋市の都市経営の立場から観ても、或は失業問題解決の為めにも、いゝことだと思ふからである。
……（略）……

一三五頁
九月七日　県当局と人毛
　人毛豊橋工場の敷地問題は、今日にいたるも解決をみるにいたらない。豊橋市民の一人として、私はすこぶる不愉快である。しかも、その不愉快の大部分は、本県当局の優柔不断な態度に投げかけたいのである。問題解決の鍵を握ってゐる本県が、いつまでも裁断を下さないことが、この問題を一層紛糾せしめ、賛否両派の対立を激化する所以たることを、本県当局は知ってゐないらしい。如何にも、役人らしい認識である。

本県では私の考へとは反対に、反対運動を鎮撫せしめて、然るのちに裁断を下さうとしてゐるかの如くに見える。思はざるも甚だしいもので、この問題の当初を考へるならば、はっきり判ることだ。すなわち、誘致派は浄化設備の完き運用によって、その無害を固く信じ、しかもなほ実害を生じた場合は、補償の責めに任ずると声明してゐるにもかゝわらず、反対派の諸君は、資本主義的経済機構を云々してゆづらないのである。

この二つの主張が、完全に対立して相容れないのはいふまでもない。それに一致点を見出さしめやうといったって無理だ。悪ければ悪いで不許可にすることがいゝ。その裁断あってはじめて、反対側は浄化設備と実害補償の要求に転向するであらう。それが筋なのだ。にもかゝはらず本県は、その裁断を遅らせやうとする。誠に不愉快千万である。何が故に本県は、さうした態度に出てゐるのであらうか。

官吏の身分保証は、官吏を去勢してしまったらしい。彼等の恐れるところは大衆運動である。反対側のデモが恐ろしくて裁断を下せないといふのが、その真相ではあるまいか。

…（略）…

一三八頁
十月十九日　人毛反対側の反省を求む

…（略）…

三河湾水産業者の犠牲を必要とするならば止むを得ないのであるが、人毛工場の設置によって水産業に与へる影響の問題にならないことは、私の認識にして誤らざる限りにおいて、私は良心に誓って、はっきり断言出来るのである。しかもなほ今日にいたるも、水産業者の反対運動は一点の反省もなく続けられてゐる。過去一ヶ年に近く、一糸みだれず闘ひ来ったその団結と巧妙なる作戦は、驚嘆に価するものとして賛辞を呈するに吝がでない。

が、しかし、その闘ひが巧みであり、全国争議史上稀にみるきやうこな団結は長期にわたって維持されたにせよ、その目的とするところに大きな狂ひがあったのでは何にもならないのである。東三水族の諸君は、少しでも自らの目的意識について反省したことがあるであらうか。少くとも今日までのところ、反省したと見るべき点は見当らない。そのことはやがて、この反対運動の全的価値を傷けることになるのである。私は最後の五分間にいたって、なほ東三水族諸君の反省を求めたい。

一四〇頁
十二月十一日　人毛問題終結

人毛問題が大分市に決定したといふので、前芝や牟呂の人毛反対陣営は、菰冠りの鏡を抜いて狂喜乱舞の大はしゃぎである。反対闘争実に一ヶ年、事の善悪は姑く間はずとするも、少くとも勝った形となってみれば、狂喜乱舞も無理からぬ人間感情のあらはれである。しかし、藉すに暫くの時日をもってし、彼等に若し内省の機会が与へられたとするならば、今日の狂喜乱舞は、やがて豊橋市繁栄の芽を踏みにじった悔として現れ、悩みの幾瞬をもつに違ひない。

こゝに惨めな状態にをかれたのは、誘致派の陣営である。過去一ヶ年の努力は水泡に帰し、その念願とする豊橋市繁栄の第一歩は抹消され、しかも敗者の地位におかれたのであるから、一入身に初冬の風が沁みる。かくいふ私も、人毛工場誘致を必要と信じ、微力を致したのだから、同じ悩みを抱かざるを得ない。かつて人毛工場の豊橋設置を確信しないまでも、それを実現しなければならぬとしてゐた私である。今日の結果をみては、白昼、人前に顔が出せない思ひである。

…（略）…

一四二頁

十二月十六日　時は既に遅い－賛成地主の出名

…（略）…

反対の大衆運動に引きずり廻されたほど信念なき本県首脳部であってみれば、それより数においても幾倍する賛成側の大衆運動が行はれてゐたならば、問題の帰結は逆であったかも知れないのである。それを賛成演説会をさへ、押し止め、知事への膝詰談判を許さず、頭さへ下げれば、事が成就すると考へてゐた指導部もあったのだら、いまさら、その愚を悔むより仕方がない。いつの場合においても大衆運動を軽視してはいけない。軽視することを許るされるものは、信念あり、迫力ある人の場合のみだ。

―あとがき―

牧平興治

「人毛騒動」は、『前芝村誌』『牟呂史』『豊橋市誌』『河合陸郎伝』などに記載されているが、話題に上ることはない。現在九十才以上の人に聞いてみても「清水庄次郎さんの奥さんが、〝検束されてしまったがどうしたらいいだろう〟と、おろおろ相談していた」「そういえばそんなことがあった」「清水川一行の大相撲を見に行った」程度で完全に忘れ去られている。

昭和十二年、日中戦争が始まり、十三年「国家総動員法」で国中を戦時体制が覆った。十六年には「太平洋戦争」に突入した。未曾有の社会状況でそれを語るどころではなかったのであろうし、また戦後の生活苦や、農業改革のドサクサ(農地開放・耕地整理など)も要因であろう。

それに加えて特に牟呂は、人毛賛成派に対する「漁業権停止」の強行と除名を行い、さらに「市場」では三名を「町八分」処分までするという前代未聞の闘争であった。「市場」の反対派はその三名に提訴され、東京大審院(現在の最高裁判所)まで戦った結果、減刑されたとはいえ罰金刑に処せられた。

これら村を二分する血みどろの闘争は、例え生活を守るための大義名分があったとはいえ、大きなしこりを残した。戦後といえどもそのことは、それぞれが禁句としたのではなかったろうか。

具体的闘争計画をたてた加藤礼吉氏は、当時発行されていた新聞の関係記事すべてを読み、三冊ファイルしていた。ご息女の岩井真智子さん(豊川市三谷原在住)は、愛知学芸大学(現愛知教育大学)の同期で、ファイルを快くお貸しくださった。わたしはそれを読み込んだ。力不足であるが、昭和九年に身を置き「人毛騒動」を俯瞰(ふかん)することができたような気がしている。しかし牟呂が舞台になってからは、複雑多岐、重層的でわたしの手にあまった。

さらに昨年に入ってから体の不調に悩まされ、根気や集中力がそがれていることもあって筆を置くことにした。

礼吉氏は十六冊もの日記を残している。わたしには読み下す力がなく、残念ながら全く手をつけていないことを記しておく。

加藤礼吉氏の日記

上梓にあたって

昭和五十五年『人毛騒動記』―谷山秋太郎著―　牟呂中学校　金仙宗哲編著
昭和五十七年『人毛騒動』―小柳清著―　前芝中学校　大釋　肇編著
多忙な中で世に出された両先生に心から敬意を表します。

また資料提供などご協力くださった次の方々に篤くお礼申し上げます。

岩井美智子　（豊川市）
岡田眞人　（豊橋市）
加藤隆章　（豊橋市）
加藤正敏　（豊橋市）
中島　満　（東京都）
秦　基　（豊川市）
（敬称略・アイウエオ順）

「海は汚させない」主な参考文献・引用文献

『現代の証言（1）人毛騒動記』谷山秋太郎著 豊橋市立牟呂中学校郷土史研究クラブ編　豊橋市立牟呂中学校　昭和55年
『人毛騒動』小柳 清著　昭和57年
『前芝村誌』前芝村誌編纂専門委員会 編　昭和34年
『六条潟と西浜の歴史 消えゆくふるさと漁村』牟呂漁業協同組合・前芝漁業協同組合・他編 昭和56年
『東三河豊橋地方社会運動前史』尾原與吉著　昭和41年
『豊橋市政五十年史』豊橋市政五十年史編纂委員会編　豊橋市　昭和31年
『豊橋市政八十年史』豊橋市政八十年史編纂委員会編　豊橋市　昭和61年
『校区のあゆみ 豊橋市政 110 周年記念』各校区総代会・校区史編集委員会編　豊橋市総代会　平成18年
「1 石巻」「6 岩田」「33 福岡」「36 磯辺」「43 花田」「45 吉田方」「50 津田」
『河合陸郎伝』河合陸郎伝編纂委員会編　昭和57年
『西進策の足あと 或る地方記者の記録（中）』河合陸郎著　三河輿論新聞社　昭和46年
『牟呂史』牟呂史編纂委員会編　平成8年
『軍都豊橋 昭和戦乱の世の青春に捧げる』兵東政夫著　平成19年

『絵葉書のなかの豊橋 Ⅱ』豊橋市二川宿本陣資料館編　平成24年
『ちぎり文庫 第6集 豊橋財界史』大森修著 大森圭子　平成20年
『戦前の豊橋 豊橋空襲で消えた街並み』岩瀬彰利著　人間社　平成28年
『ある町の高い煙突』新田次郎著　文芸春秋　昭和44年
『苦界浄土 わが水俣病』石牟礼道子著　講談社文庫　昭和47年
『複合汚染』有吉佐和子著　新潮社　昭和50年
『沈黙の春 生と死の妙薬』レイチェル・カーソン著・青樹簗一訳　新潮社　昭和49年
『改訂 公害・労災・職業病年表』飯島伸子編著　公害対策技術同友会　昭和54年
『ドキュメント 日本の公害 第1巻』川名英之著　緑風出版　昭和62年
『環境ホルモン VO1.2 文明・社会・生命』藤原書店　平成13年
『20世紀の日本環境史』石井邦宜監修　産業環境管理協会　平成14年
『豊橋百科辞典』豊橋百科辞典編集委員会編　豊橋市文化市民部文化課　平成18年
『帝人グループ90年の歩み』帝人株式会社　平成20年

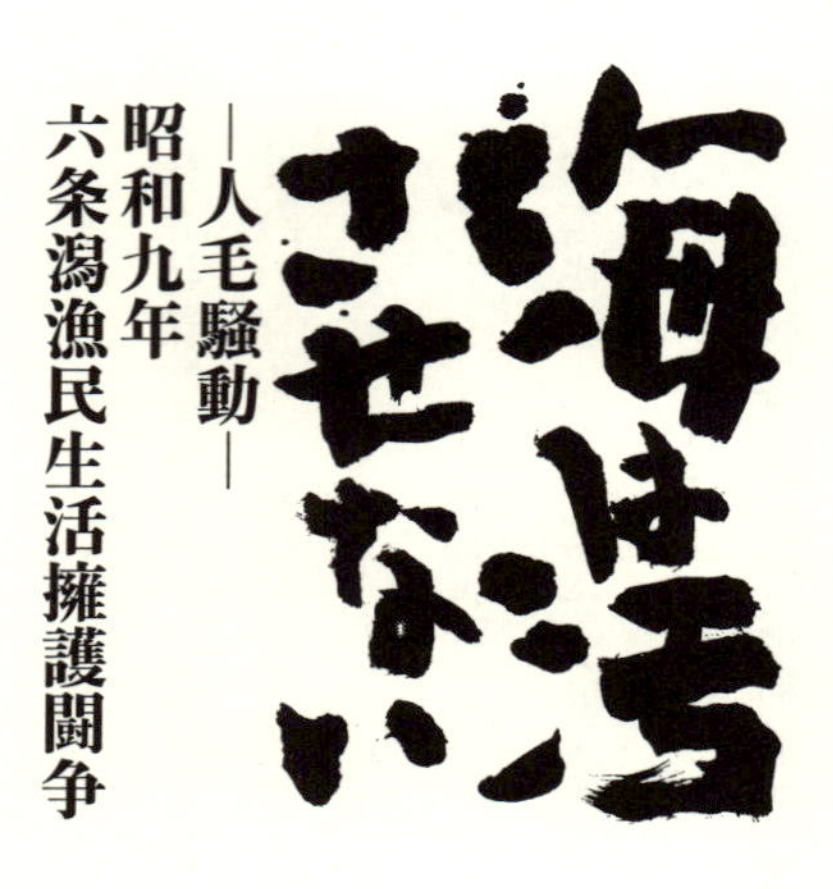

―人毛騒動―
昭和九年
六条潟漁民生活擁護闘争

編著　牧平興治

二〇一八年二月二十八日　第一版発行

発行所　春夏秋冬叢書
〒四四一―八〇一一
愛知県豊橋市菰口町一―四三
電話　〇五三二―三三―〇〇八六
URL　http://www.h-n-a-f.com

定価　本体一、二〇〇円（税別）

編著　牧平興治
前芝村にて育つ。

昭和三十九年三月、愛知学芸大学を卒業、教職に就く。

総代会創立五十周年記念誌『校区のあゆみ 前芝』の「自然と環境」執筆。

平成二十一・二十二年度、民生委員児童委員協議会から二年指定を受け、「災害時一人も見逃さない支援体制作り」を校区ぐるみで確立。

『「十三歳のあなたへ」一九四五・八・七 「豊川海軍工廠」の悲劇』編著

ISBN978-4-901835-47-3 C0036